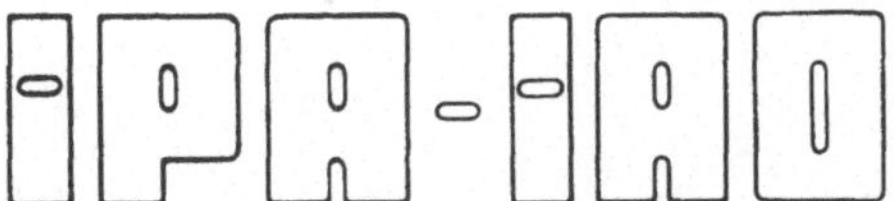

Forschung und Praxis

Band 190

Berichte aus dem
Fraunhofer-Institut für Produktionstechnik
und Automatisierung (IPA), Stuttgart,
Fraunhofer-Institut für Arbeitswirtschaft
und Organisation (IAO), Stuttgart,
Institut für Industrielle Fertigung und
Fabrikbetrieb der Universität Stuttgart und
Institut für Arbeitswissenschaft und
Technologiemanagement, Universität Stuttgart

Herausgeber: H. J. Warnecke und H.-J. Bullinger

Kornelius Hengel

Softwareentwicklung für speicherprogrammierbare Steuerungen im integrierten, rechnergestützten Konstruktionsprozeß

Mit 48 Abbildungen

Springer-Verlag
Berlin Heidelberg New York
London Paris Tokyo
Hong Kong Barcelona
Budapest 1994

Dipl.-Ing. Kornelius Hengel
Fraunhofer-Institut für Arbeitswirtschaft und Organisation (IAO), Stuttgart

Prof. Dr.-Ing. Dr. h. c. Dr.-Ing. E. h. H. J. Warnecke
o. Professor an der Universität Stuttgart
Fraunhofer-Institut für Produktionstechnik und Automatisierung (IPA), Stuttgart

Prof. Dr.-Ing. habil. Dr. h. c. H.-J. Bullinger
o. Professor an der Universität Stuttgart
Fraunhofer-Institut für Arbeitswirtschaft und Organisation (IAO), Stuttgart

D 93

ISBN-13: 978-3-540-57765-2   e-ISBN-13: 978-3-642-47955-7

DOI: 10.1007/978-3-642-47955-7

Gesamtherstellung: Copydruck GmbH, Heimsheim
SPIN: 10465236   62/3020–6 5 4 3 2 1 0

Geleitwort der Herausgeber

Über den Erfolg und das Bestehen von Unternehmen in einer marktwirtschaftlichen Ordnung entscheidet letztendlich der Absatzmarkt. Das bedeutet, möglichst frühzeitig absatzmarktorientierte Anforderungen sowie deren Veränderungen zu erkennen und darauf zu reagieren.

Neue Technologien und Werkstoffe ermöglichen neue Produkte und eröffnen neue Märkte. Die neuen Produktions- und Informationstechnologien verwandeln signifikant und nachhaltig unsere industrielle Arbeitswelt. Politische und gesellschaftliche Veränderungen signalisieren und begleiten dabei einen Wertewandel, der auch in unseren Industriebetrieben deutlichen Niederschlag findet.

Die Aufgaben des Produktionsmanagements sind vielfältiger und anspruchsvoller geworden. Die Integration des europäischen Marktes, die Globalisierung vieler Industrien, die zunehmende Innovationsgeschwindigkeit, die Entwicklung zur Freizeitgesellschaft und die übergreifenden ökologischen und sozialen Probleme, zu deren Lösung die Wirtschaft ihren Beitrag leisten muß, erfordern von den Führungskräften erweiterte Perspektiven und Antworten, die über den Fokus traditionellen Produktionsmanagements deutlich hinausgehen.

Neue Formen der Arbeitsorganisation im indirekten und direkten Bereich sind heute schon feste Bestandteile innovativer Unternehmen. Die Entkopplung der Arbeitszeit von der Betriebszeit, integrierte Planungsansätze sowie der Aufbau dezentraler Strukturen sind nur einige der Konzepte, die die aktuellen Entwicklungsrichtungen kennzeichnen. Erfreulich ist der Trend, immer mehr den Menschen in den Mittelpunkt der Arbeitsgestaltung zu stellen - die traditionell eher technokratisch akzentuierten Ansätze weichen einer stärkeren Human- und Organisationsorientierung. Qualifizierungsprogramme, Training und andere Formen der Mitarbeiterentwicklung gewinnen als Differenzierungsmerkmal und als Zukunftsinvestition in *Human Recources* an strategischer Bedeutung.

Von wissenschaftlicher Seite muß dieses Bemühen durch die Entwicklung von Methoden und Vorgehensweisen zur systematischen Analyse und Verbesserung des Systems Produktionsbetrieb einschließlich der erforderlichen Dienstleistungsfunktionen unterstützt werden. Die Ingenieure sind hier gefordert, in enger Zusammenarbeit mit anderen Disziplinen, z.B. der Informatik, der Wirtschaftswissenschaften und der Arbeitswissenschaft, Lösungen zu erarbeiten, die den veränderten Randbedingungen Rechnung tragen.

Die von den Herausgebern geleiteten Institute, das

- Institut für Industrielle Fertigung und Fabrikbetrieb der
  Universität Stuttgart (IFF),

- Institut für Arbeitswissenschaft und Technologiemanagement (IAT)

- Fraunhofer-Institut für Produktionstechnik und Automatisierung
  (IPA),

- Fraunhofer-Institut für Arbeitswirtschaft und Organisation (IAO)

arbeiten in grundlegender und angewandter Forschung intensiv an
den oben aufgezeigten Entwicklungen mit. Die Ausstattung der
Labors und die Qualifikation der Mitarbeiter haben bereits in der
Vergangenheit zu Forschungsergebnissen geführt, die für die Praxis
von großem Wert waren. Zur Umsetzung gewonnener Erkenntnisse wird
die Schriftenreihe "IPA-IAO - Forschung und Praxis" herausgegeben.
Der vorliegende Band setzt diese Reihe fort. Eine Übersicht über
bisher erschienene Titel wird am Schluß dieses Buches gegeben.

Dem Verfasser sei für die geleistete Arbeit gedankt, dem Springer-
Verlag für die Aufnahme dieser Schriftenreihe in seine Angebots-
palette und der Druckerei für saubere und zügige Ausführung. Möge
das Buch von der Fachwelt gut aufgenommen werden.

                        H.J. Warnecke   H.-J. Bullinger

<u>**Vorwort**</u>

Die Motivation für die vorliegende Arbeit entstand bei oft mit unvorhersehbaren Ereignissen überraschenden und koordinationsaufwendigen Inbetriebnahmen von automatisierten Montageanlagen. Während meiner Tätigkeit am Fraunhofer-Institut für Arbeitswirtschaft und Organisation (IAO) in Stuttgart hatte ich dann die Gelegenheit auf der Grundlage dieser praktischen Erfahrungen wissenschaftlich und systematisch Lösungsansätze für die sich bei der Inbetriebnahme zeigenden Problemkreise der Entwicklung von Montageanlagen zu erarbeiten.

Die Fördermaßnahme des BMFT "Forschungskooperation zwischen Industrie und Wissenschaft" zwischen der oben genannten Forschungseinrichtung und der Fix Maschinenbau GmbH, einem mittelständischen Hersteller von Sondermaschinen und Anlagen für die Montage, ermöglichte diese Arbeit.

Herrn Prof. Dr.-Ing. habil. Prof. e. h. Dr. h. c. H.-J. Bullinger, dem Leiter des IAO und Direktor des Instituts für Arbeitswissenschaft und Technologiemanagement (IAT) der Universität Stuttgart danke ich für die Unterstützung und Förderung meiner Arbeit.

Für die Übernahme des Mitberichts und die Anregungen zur Arbeit gilt mein Dank Prof. Dr.-Ing. A. Storr, dem Leiter der Abteilung Prozeßrechentechnik am Institut für Steuerungstechnik der Werkzeugmaschinen und Fertigungseinrichtungen der Universität Stuttgart.

Bei den Mitarbeitern und Studenten des IAO bedanke ich mich für die stete Dikussionsbereitschaft und ausgezeichnete Zusammenarbeit.

Herrn Karl Utz, dem Geschäftsführer und Inhaber der Fix Maschinenbau GmbH und seinen Mitarbeitern danke ich für die wohlwollende Unterstützung dieser Arbeit und die praxisorientierten Anregungen.

Besonders bedanken möchte ich mich bei Gundula Herrmann, Prof. Dr.-Ing. Klaus Kornwachs, Dr.-Ing. Klaus Lay, Dr.-Ing. Raimund Menges und Dr.-Ing. Joachim Warschat für die kritisch konstruktive Begleitung meiner Arbeit.

Dem Dank an meine Frau Elisabeth kann hier nur unangemessen Ausdruck verliehen werden. Noch mehr gilt dies für den Dank an Jesus Christus, der letztlich dieser Arbeit Sinn und Inhalt gibt.

Fellbach, November 1992   Kornelius Hengel

INHALTSVERZEICHNIS   Seite

0   <u>ABKÜRZUNGEN UND FORMELZEICHEN</u>

Abkürzungen

3D	dreidimensional
AS	Ablaufsprache nach DIN-IEC 1131/3 (bisher DIN-IEC 65A(Sec)67)
AWL	Anweisungsliste
CAD	Computer Aided Design
CASE	Computer Aided Software Engineering
CNC	Computerized Numeric Control
DIN	Deutsches Institut für Normung e. V., Berlin
EDIF	Electronic Design Interchange Format
FUP	Funktionsplan
IEC	International Electrotechnical Commission
IEC-ST	Strukturierter Text (Structured Text) nach DIN-IEC 1131/3
IEC-AWL	Anweisungsliste (Instruction List) nach DIN-IEC 1131/3
ISO	International Standards Organization
KOP	Kontaktplan
NC	Numeric Control
PC	Personal Computer
PO	Programmorganisation
SA	Strukturierte Systemanalyse (Structured Analysis)
SA/RT	Strukturierte Systemanalyse von Echtzeitanwendungen (Structured Analysis/Real Time)
SPS	speicherprogrammierbare Steuerung
SPS-AWL	Anweisungsliste einer handelsüblichen SPS
STEP	Standard for Exchange of Product Model Data (ISO TC 184 SC 4)
VDI	Verein Deutscher Ingenieure
VDE	Verein Deutscher Elektrotechniker
VME	VERSAmodule for Europe
VMEbus	IEC 821 Bus
VNS	Verfahrensneutrale Schnittstelle
VPS	verbindungsprogrammierte Steuerung

Formelzeichen

A	Anfangslage
E	Endlage
N	normierter Rotationsvektor
P	Lagevektor
PM	Mittelpunkt der Kreisbahn
RA	Radiusvektor zur Anfangslage auf der Kreisbahn
RS	Radiusvektor senkrecht rechtsdrehend zu RA
S	translatorischer Bewegungsvektor
u	lokale Koordinate
x,y,z	kartesische Positionskoordinaten
Z	Zwischenlage auf der Kreisbahn
α,β,γ	Roll-, Nick- und Gierwinkel um die z-, y-, und x-Achsen des kartesischen Koordinatensystems
θ	Winkel des überstrichenen Kreissegments zwischen A und E
δ	Drehwinkel (im Bogenmaß)

1   <u>EINLEITUNG</u>

Der europäische Werkzeugmaschinen- und Produktionsanlagenbau steht vor großen Herausforderungen. Starker Wettbewerb von qualitativ hochwertigen und rationell hergestellten Werkzeugmaschinen aus Japan macht besondere Anstrengungen dieses sehr exportorientierten Wirtschaftszweigs notwendig, um die bisher starke Marktposition zu behaupten. Mit der Angleichung der technologischen Entwicklungsniveaus entscheiden immer mehr die rationelle Herstellung und die rasche Anpassung an neue Marktforderungen über den Verkaufserfolg der Anbieter von Produktionseinrichtungen. Dabei gewinnen die kürzer werdenden Lieferzeiten strategische Bedeutung für die Auftragsvergabe.

Mit der Methode des Simultaneous Engineering werden deshalb eine Verkürzung der Entwicklungszeit und die flexible Anpassung des Entwicklungsprozesses an wirtschaftliche, technologische und kundenorientierte Forderungen angestrebt. Genaue Planung und Abstimmung der Entwicklungsteilprozesse einer Produktions- und Montageeinrichtung ermöglichen eine parallele Bearbeitung verschiedener Vorgänge, die durch regelnde Eingriffe koordiniert werden. Dadurch kann der Entwicklungsprozeß flexibel an geänderte Rahmenbedingungen und Störeinflüsse angepaßt werden. Die dynamische technische Entwicklung und die Komplexität moderner Montagesysteme ergibt sich durch die in den letzten Jahren verstärkte Optimierung der Montageprozesse, flexible Fertigung von Produktfamilien und -varianten sowie steigende Qualitätsansprüche und integrierte Informationsverarbeitung in der Produktion. Speziell Sondermaschinen und in Einzelfertigung hergestellte Anlagen verursachen einen hohen Entwicklungsaufwand. Dabei erfordert die hohe Innovationsdynamik im Bereich der Steuerungs- und Informationstechnik besondere Anstrengungen.

Speicherprogrammierbare Steuerungen (SPS) haben sich in der Praxis als Lösung für den effizienten und flexiblen Aufbau von Anlagensteuerungen erwiesen. SPS bieten standardisierte Hardwarebaugruppen und realisieren Steuerungsfunktionen durch ein veränderbares Programm. Mit der raschen Weiterentwicklung des Leistungsumfangs von SPS in den letzten Jahren konnten zunehmend umfangreichere und komplexere Steuerungsaufgaben realisiert werden. Sinkenden Preisen für die Steuerungs-Hardware stehen deshalb stark ansteigende Kosten für die Projektierung und Softwareentwicklung gegenüber.

Bei der Inbetriebnahme von Produktionsanlagen treten sehr häufig Probleme mit der Steuerungssoftware auf. Diese sind auf Planungs- und Entwicklungsfehler zurückzuführen und verursachen hohe Behebungskosten und erhebliche Lieferverzögerungen. Für die Korrektur dieser Mißstände muß die Qualität der Software verbessert werden. Hierzu ist ein der steigenden Komplexität der Software angepaßtes Sprachkonzept notwendig. Außerdem ist durch eine benutzerfreundliche Entwicklungsumgebung die Erstellung von Software zu unterstützen. Besondere Bedeutung kommt dabei der frühzeitigen Überprüfung und dem Testen der Software zu. Darüber hinaus kann der Aufwand für die Softwareerstellung durch die Wiederverwendung von Programmmodulen reduziert werden. Da die korrekte Funktionsfähigkeit wiederverwendeter Programmteile schon geprüft ist, können Softwarefehler vermieden werden.

Die SPS-Software eines Produktionssystems kann jedoch nicht isoliert betrachtet werden. Deshalb muß das Fertigungssystem mit seinen mechanischen, elektrischen und softwaretechnischen Eigenschaften in seiner Gesamtheit konzipiert und gestaltet werden. Für die sich daraus ergebende Einbeziehung verschiedener Spezialisten in die Erarbeitung des Anlagenkonzepts müssen die notwendigen informationstechnischen und organisatorischen Voraussetzungen geschaffen werden.

Ein rechnergestütztes System für die integrierte Entwicklung und Konstruktion ist deshalb notwendig. Alle Gestaltungsinformationen sind innerhalb des Systems für die verschiedenen Konstruktionsbereiche zugänglich zu machen und auf dem aktuellen Stand zu halten. Durch diese Integration können die im Sondermaschinen- und Anlagenbau häufigen Änderungen während der Laufzeit eines Entwicklungsprojekts konsistent durchgeführt werden.

2   ZIEL DER ARBEIT: EFFIZIENTE SPS-SOFTWAREENTWICKLUNG FÜR AUTOMATISIERUNGSSYSTEME IN DER MONTAGE

Ziel der vorliegenden Arbeit ist die Entwicklung einer Vorgehensweise für die effiziente Erstellung von Software für speicherprogrammierbare Steuerungen. Der hierbei näher betrachtete Anwendungsbereich sind automatisierte Montageanlagen. Grundlegende Kriterien für die SPS-Softwareentwicklung sind:

o   Funktion

o   Qualität

o   Kosten

o   Entwicklungszeit

Daraus ergeben sich folgende Zielvorgaben:

o   Überprüfbarkeit der implementierten Funktionalität

o   einfache Anpassung an geänderte Spezifikationen

o   integrierte Sicht der Steuerungssoftware und des Anlagenprozesses

o   hohe Zuverlässigkeit und weitgehende Fehlerfreiheit der Software

o   modulare, voneinander unabhängige Programmorganisationseinheiten mit klaren Schnittstellen

o   Wiederverwendbarkeit ausgearbeiteter Teillösungen

o   Verkürzung der Entwicklungszeit

Die Vorgehensweise, um diese Zielvorgaben zu erreichen, wird in Bild 2.1 dargestellt. Zuerst wird der Gestaltungsprozeß von Montageanlagen untersucht. Bei der Analyse der einzelnen Entwicklungsphasen und -teilbereiche liegt der Schwerpunkt in deren Verbindung und Bezug zur Softwareentwicklung. Der Bereich der Software wird hinsichtlich Sprachkonzepten, Entwicklungswerkzeugen und der Identifikation und Behebung von Softwarefehlern betrachtet.

Auf der Grundlage dieser Analyse wird eine Konzeption für die Vorgehensweise bei der Softwareentwicklung im integrierten Konstruktionsprozeß erarbeitet. Dazu werden alle Konstruktionsdaten durch ein in einer integrierten Datenbasis abgelegtes Anlagenmodell bereitgestellt.

Problematik der Softwareentwicklung für SPS

Optimierung der Kriterien Funktion, Qualität, Kosten, Entwicklungszeit:
Das betrachtete Anwendungsgebiet sind automatisierte
Montageanlagen.

Analyse der Softwareentwicklung für SPS

o Wechselwirkungen zwischen mechanischer und elektrischer Konstruktion
  und der Softwareentwicklung für SPS,
o Auswirkungen der Anlagenplanung und des Projektmanagements auf die
  Softwareentwicklung für SPS,
o Sprachkonzepte und Werkzeuge bei der Softwareentwicklung für SPS,
o Ursachen von Softwarefehlern und für ihre Behebung angewandte
  Strategien.

Konzeption der Softwareentwicklung für SPS im
rechnergestützten, integrierten Konstruktionsprozeß

o Integration der Konstruktionsvorgänge durch das objektorientierte Anlagenmodell,
o objektorientierte Gestaltung einer Montageanlage und ihrer SPS-Software,
o Entwurf einer benutzungsfreundlichen SPS-Softwareentwicklungs-
  umgebung,
o Klassifizierung und schrittweise, frühzeitige Identifikation und Behebung
  von Konstruktions- und Softwarefehlern durch Prüfung des Anlagenmodells.

Entwicklung eines integrierten CAD-Systems für
automatisierte Montageanlagen

o Implementierung eines integrierten CAD-Systems für die Gestaltung der
  Mechanik und Elektrik und für die Softwareentwicklung von SPS,
o Darstellung der Arbeitsweise mit dem integrierten CAD-System an einem
  Anwendungsbeispiel.

Bild 2.1: Vorgehensweise bei der Erarbeitung einer Konzeption zur Softwareentwicklung für SPS im integrierten, rechnergestützten Konstruktionsprozeß

Durch ein geeignetes Sprachkonzept ist die Software in das Produktmodell zu integrieren. Gleichzeitig werden Ansätze zum systematischen Testen der Software entwickelt.

Die Entwicklung eines integrierten CAD-Systems schafft die Voraussetzung für die praktische und effiziente Anwendung dieser Konzeption. Am Anwendungsbeispiel eines Doppelgurtband-Transfersystems wird abschließend die Arbeit mit dem realisierten CAD-System veranschaulicht.

ANALYSE DER SOFTWAREENTWICKLUNG IM KONSTRUKTIONS-PROZESS

Zur Untersuchung von Anlagenprozessen wurden Montageanwendungen aus-gewählt. Fertigungseinrichtungen für Montageaufgaben zeichnen sich durch eine hohe Spezialisierung aus. Deshalb werden sie im Sondermaschinenbau meist nach Kundenforderungen in Einzelfertigung geplant und hergestellt. Dabei entsteht ein hoher konstruktiver Aufwand. Der Herstellungsprozeß von Montageanlagen läuft in der industriellen Praxis im wesentlichen sequentiell ab. Ein Auftrag durchläuft die betrieblichen Funktionsbereiche Vertrieb, Projektierung, mechanische und elektrische Konstruktion, Softwareentwicklung, Fertigung und Inbetriebnahme. Entsprechend ergibt sich das Ablaufdiagramm nach Bild 3.1 für einen Auftragsdurchlauf. Im folgenden werden die Konstruktionsbereiche und die von ihnen ausgeführten Arbeiten näher untersucht.

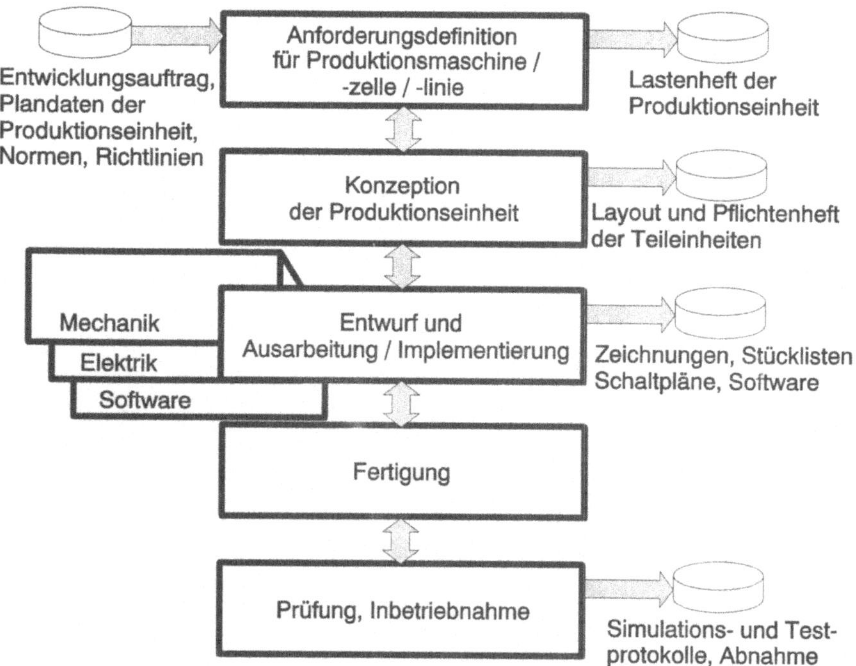

Bild 3.1: Ablauf der Entwicklung einer Montageanlage

In der Literatur wurde eine Vielzahl von allgemeingültigen Konstruktionsmethodiken entwickelt [PAB86; VDI86; ROT82; KOL76; ROD70; HAN68; SPU84], deren Vorgehensweisen sich zusammenfassend in die Phasen:

o   Aufgabe und Anforderungen definieren

o   Konzipieren

o   Entwerfen

o   Ausarbeiten

einteilen lassen. Schwerpunkt der Untersuchung des Konstruktionsprozesses ist die Softwareentwicklung für SPS und ihre Beziehung zu den anderen Teilprozessen der Konstruktion.

3.1   Produktmodellierung im Entwicklungsprozeß von automatisierten Montageanlagen

Für die Erfassung und Dokumentation von konstruktiven Informationen wurde in den letzten Jahren der Ansatz des Produktmodells [GRA90, WAR91, ABE91] entwickelt. Im Rahmen der STEP-Normung [GRA89] wird an der internationalen Abstimmung und Festlegung der Aktivitäten im Bereich der Produktmodellierung gearbeitet. Eine Übersicht der Produktmodellierung und verschiedener Begriffsdefinitionen der wichtigsten Autoren aus diesem Bereich sind in [BAU88] zusammengestellt. Die nachfolgend definierten Begriffe werden in Anlehnung an [GRA88] verwendet.

Ziel des Produktmodells ist es, alle Informationen, die ein Produkt beschreiben, zu strukturieren und rechnerintern zu erfassen. In einem funktionalen bzw. funktionsorientierten Produktmodell werden entsprechend alle funktionsrelevanten Informationen eines Produktes abgelegt.

Konstruktion kann in diesem Sinne auch als Modellierung eines Produkts angesehen werden, indem Gestaltinformationen und technologische Eigenschaften erfaßt werden. Mit den Modellierfunktionen werden die Produktinformationen in einem CAD-System erzeugt und verarbeitet. Zusammenfassend werden die Abbildung der Produktinformation im Produktmodell und die korrespondierenden Modellierverfahren als Produktmodellierung bezeichnet.

Mit der integrierten Erfassung aller produktbezogenen Daten werden Konsistenzprüfungen der Gestaltungsinformationen möglich. Gleichzeitig wird eine Gesamtsicht des Produkts unterstützt, und die Informationsflüsse zwischen den Konstruktionsabteilungen werden verbessert.

Unter Anlagenmodell ist in dieser Arbeit das Produktmodell einer Montageanlage zu verstehen und damit alle im rechnergestützten Entwicklungsprozeß erzeugten Informationen, die diese Anlage beschreiben. Die Anlagenmodellierung wird entsprechend als Produktmodellierung einer Montageanlage definiert.

3.2 Planung und Konzeption einer Anlage

Die Planung des Montageprozesses und die damit verbundene übergeordnete Strukturplanung von Produktionseinrichtungen liefern die Planungsvorgaben für ein Montagesystem und werden in [BUL86, LOT86, AUT89, AUO90] ausführlich behandelt. In gemeinsamer Arbeit ordnen Entwickler der zu montierenden Produkte und Produktionsplaner Montage- und Prüfvorgänge einzelnen Anlagen und Montagestationen zu und legen damit verbundene Anforderungen fest. Diese expliziten Leistungsdaten und Eigenschaftsdefinitionen umfassen die Taktzeit einer Montageoperation bzw. -station, die Anlagenverfügbarkeit, Prozeßsicherheit, Qualitätsanforderungen, Abmessungen usw. Diese Angaben werden in einem Lastenheft [VDI89] zusammengefaßt und bilden Eingangsinformationen für den untersuchten Entwicklungsprozeß von Montageanlagen. Daneben sind vielfältige implizite Anforderungen zu erfüllen, zu denen auch nationale und internationale Normen sowie Firmenrichtlinien und Ausführungsbestimmungen gehören.

Zur vollständigen Erfassung aller Vorgaben und zur Vermeidung von Widersprüchen ist eine systematische Vorgehensweise [AWK87] notwendig, die durch rechnergestützte Planungssysteme [KET87, HAH84; HEF87; HEU89; JAS90; SBS91; SEL86] erleichtert werden kann.

Durch die enge Integration moderner Produktionsanlagen in übergeordnete informationstechnische und produktionswirtschaftliche Infrastrukturen muß für eine reibungslose Einbindung besonders auf die Spezifikationen der Schnittstellen geachtet werden. Dadurch ist auch die Tendenz zu detaillierten Festlegungen und Vorschriften in Entwicklungsaufträgen für Montageanlagen zu erklären [PUH91].

Mit der Anforderungsdefinition wird dabei das Grobkonzept einer Anlage festgelegt, das die technischen Prinziplösungen bereits enthält. In der Praxis wird dieses Grobkonzept häufig durch einen erfahrenen Anlagenkonstrukteur erstellt, der eng mit der Produktionsplanung zusammenarbeitet. Die zunehmende Komplexität und hohe Innovationsdynamik bei der Entwicklung von Montageanlagen macht jedoch zunehmend den Einsatz von moderierten Planungsgruppen mit wechselnder Zusammensetzung von Fachspezialisten notwendig [AWK87].

Die Entwicklung und Herstellung teilautomatisierter Montageanlagen, die auf Industriebaukastensystemen für Montageanwendungen basieren [KON85; MEE85; MKE83], stellen die aktuelle konstruktive Herausforderung im Bereich der Montage dar, auf Grund der Verbreitung und Komplexität dieser Anlagen. Spezialisierte Einrichtungen für die Montage von Serienprodukten müssen innerhalb verkürzter Planungs- und Lieferzeit hergestellt werden, da durch Simultaneous Engineering [BED89; BUL89; EVE89; SIM91] entwickelte Serienprodukte zur Verbesserung der Gewinnsituation eine frühe Markteinführung erfordern [MIL88].

Die kurze Entwicklungszeit einer Montageanlage gewinnt dadurch strategische Bedeutung, da die Einhaltung eng kalkulierter Liefertermine zunehmend für die Auftragserteilung entscheidend ist. Einer Verkürzung der Entwicklungszeit stehen jedoch die steigende Komplexität und der zunehmende Funktionsumfang von Montagesystemen [PRI91, KET87] entgegen. In Bild 3.2 sind verschiedene Innovationsbereiche in der Montagetechnik zusammengefaßt. Steigende Anforderungen an die Produktqualität [AUE86] und Produkthaftung [HOL91] und die Optimierung der Material- und Informationsflüsse in der Produktion [DAN90] erfordern vor allem in der Steuerungstechnik neue Lösungen für die Kommunikation und den Datenaustausch zwischen Steuerungs- und Leitrechnern [STO87; ERN89; GEI87; GEB90; MAP91; MMS88; KRF85; STE89; WAG90]. Daneben erfordern die Erfassung von fertigungsspezifischen Produkt- und Meßdaten [BÜC91; UNV89; WIN89], die Prozeßvisualisierung [SUS90], die Verwaltung von Fertigungsaufträgen [DAN89; WAR89] sowie die Bedienerführung und Störungsdiagnose [ENG83; GRI86; PMJ88; SCN91] eine umfangreiche Informationsverarbeitung neben der Überwachung der Steuersignale des Sensor- und Aktorbereichs.

Bild 3.2: Funktionsanforderungen an automatisierte Montageanlagen

Zur Vereinfachung der Wartung und Reparatur von Produktionsanlagen werden in firmenspezifischen Normen vor allem von Großunternehmen Herstellerfirmen für Komponenten und detaillierte Ausführungsbestimmungen vorgegeben. Diese Richtlinien können die Gestaltung des Bedienerdialogs, die Struktur der Steuerungsprogramme, die Verwendung absoluter oder symbolischer Adressierung und die Bildung von Bezeichnungen umfassen.

Von den Herstellern einer Montageanlage erfordert dies eine hohe Flexibilität in der Entwicklungsarbeit und engen Kontakt zum Auftraggeber, um Anforderungen eindeutig festzuschreiben. Im Konstruktionsprozeß von Montageanlagen muß deshalb die Einhaltung komplexer Ausführungsbestimmungen und die Überprüfung festgelegter Leistungsanforderungen unterstützt werden.

3.3 Entwurf und Gestaltung der Mechanik

3.3.1 Vorgehensweise bei der Gestaltung der Mechanik

Bei der Konstruktion der Mechanik werden die im Pflichtenheft spezifizierten Montageaufgaben und -vorgänge umgesetzt. Dazu werden Bauteile gestaltet und deren Interaktion festgelegt. Mit den dadurch gebildeten Mechanismen wird die erforderliche Funktionalität erzeugt. Neben der Bestimmung des exakten funktionalen Ablaufs werden alle fertigungsrelevanten und funktionstechnischen Informationen festgelegt.

Der Konstrukteur teilt dabei die Gestaltungsaufgaben schrittweise auf. In der herkömmlichen Vorgehensweise gewinnt in diesem Stadium des Entwicklungsprozesses die Montageanlage ihre eigentliche Gestalt und ihre Funktionsweise, die von den unterstützenden Bereichen der elektrischen Gestaltung und der Softwareentwicklung weiter ausgeführt werden.

Vorrichtungen und Mechanismen zur Realisierung von Einzelfunktionen werden zu Montagestationen integriert, und ihr Zusammenwirken wird festgelegt. Hierzu stehen dem Konstrukteur Baukastensysteme zur Verfügung, deren Grundelemente flexibel miteinander kombinierbar sind und deshalb schnell und mit geringem Fertigungs- und Montageaufwand zu einer Lösung konfiguriert werden können [BOS87; HEB85; DIE83]. Über Sensorzustände werden auszulösende Aktionen der Aktoren definiert und dokumentiert.

Durch den steigenden Umfang der Steuerungstechnik und der Informationsverarbeitung führt diese Vorgehensweise verstärkt zu Konstruktionsfehlern und unbefriedigenden Lösungen, da bei den Festlegungen des Konstrukteurs der Mechanik nicht alle steuerungsrelevanten Aspekte ausreichend berücksichtigt werden. So kann sich z. B. aus der Einsparung eines Sensors bei der Gestaltung der Mechanik ein wesentlich höherer Softwareaufwand ergeben, der in der Gesamtbetrachtung zu höheren Kosten führt.

Wichtige Voraussetzungen für die Behebung solcher Probleme sind eine enge Zusammenarbeit und ein guter Informationsaustausch zwischen den Konstruktionsbereichen. Die zunehmend komplexere Steuerungstechnik erfordert damit die Anpassung der Organisation und des Ablaufs des Gestaltungsprozesses an diese neue Situation.

3.3.2   Arbeitsmittel in der Konstruktion der Mechanik

Bei der Umsetzung einer konstruktiven Idee in eine funktionsfähige Lösung lassen sich zwei wesentliche Vorgänge unterscheiden. Zum einen müssen Informationen über Anforderungen, verfügbare Basiskomponenten und Zulieferteile, Fertigungsanlagen und -kapazitäten, Kosten und Termine beschafft werden [FIN90; HES81; BRA88], und zum anderen sind die daraus entwickelten Konstruktionsfestlegungen zu dokumentieren und mit den erforderlichen Fertigungsinformationen festzuhalten [SEI85; FRI88; KRA90; SPU84].

Konstruktionsrelevante Informationen werden bisher fast ausschließlich in Papierform festgehalten und übermittelt [FMS90], unabhängig davon, ob es projektunabhängige Informationen wie Bauteilkataloge und Ausführungsrichtlinien sind, oder ob es sich um projektspezifische Angaben handelt, für die als Beispiel die Anforderungsdefinition genannt werden kann. Ansätze für rechnergestützte Konstruktionsinformationssysteme sind vorhanden, wie [MUI88; KET87; BRA88] aufzeigen, und Gegenstand aktueller Forschungsentwicklungen [FIN90; BEA91].

Teillösungen, wie die Bereitstellung von Baukastensystemen für Montageanwendungen [LAY89] ermöglichen nicht nur eine einfache Informationsbeschaffung, sondern unterstützen in Verbindung mit einem CAD-System auch den Gestaltungsprozeß. Mit Volumenmodellen arbeitende CAD-Systeme [PAH90] ermöglichen die Übernahme von Bauteilen und -gruppen aus Bibliotheken und eine anschauliche dreidimensionale Darstellung. Außerdem müssen funktionale Eigenschaften über die geometrische Definition von Bauteilen hinaus modelliert werden, wie die Bewegungsbahn des Schlittens einer NC-Achse oder der Schaltbereich eines Näherungsschalters. Hierzu muß das CAD-System für die Mechanik funktionsorientierte Modellierungsfunktionen zur Verfügung stellen.

3.4 Entwurf und Gestaltung der Elektrik

Der Elektrokonstrukteur erstellt die elektrischen Schaltungsunterlagen, Klemmen- und Verbindungspläne sowie das Schaltschranklayout und die Bedieneinrichtungen einer Produktionsanlage auf der Grundlage der mechanischen Konstruktionszeichnungen, der Beschreibung des Funktionsablaufs und der verwendeten Sensoren und Aktoren. Die elektrischen Bauteile werden ausgewählt und ihre Verschaltung in den Schaltplänen festgelegt.

Wie in der Gestaltung der Mechanik erfolgt die Informationsbeschaffung hauptsächlich über Bauteilkataloge, Ausführungsrichtlinien und Normen. Die projektspezifischen Unterlagen liegen ebenfalls in der Regel in Papierform vor. Durch die Verwendung von Standardschaltungen kann die zentrale Aufgabe der Schaltplanerstellung unterstützt werden. So sind Einschaltkombinationen für die Stromversorgung genormt und lassen sich zu wiederverwendbaren Teilschaltungen zusammenfassen. Bei der manuellen Planerstellung vereinfachen vorgefertigte Formbogen, bei denen Standardschaltungen nur um projektspezifische Angaben ergänzt werden müssen, und die Verwendung von Klebefolien mit Schaltsymbolen die Arbeit.

Eine weitere Produktivitätssteigerung ergibt sich durch den Einsatz von CAD-Systemen für die Elektrokonstruktion [ECA91;NER91]. Zuerst werden die elektrischen Bauteile im verwendeten System modelliert und in einer Bibliothek abgelegt [ROH89]. Für die Schaltplanerstellung werden die Bauteile aus der Bibliothek selektiert. Die ihnen zugeordneten Symbole werden auf dem Plan plaziert und durch Signale verbunden. Die erforderlichen Fertigungsunterlagen, wie Klemmenpläne, Verbindungspläne und Stücklisten, können dann automatisch aus den Schaltplänen generiert werden. Nur das Schaltschranklayout und die Gestaltung des Bedienpults erfordern noch zusätzliche Arbeit, wobei handelsübliche CAD-Systeme auch diese Vorgänge weitgehend unterstützen [HPC90]. Mit den Prüfungsmöglichkeiten für nicht angeschlossene Signale sowie automatischen Querverweisen an Signalabbrüchen und verteilt dargestellten Bauteilen bieten CAD-Systeme für die Elektrokonstruktion eine umfassende Unterstützung der Gestaltung elektrischer Schaltungen.

Durch die Verwendung speicherprogrammierbarer Steuerungen ergibt sich außerdem eine einfache, übersichtliche Struktur der Schaltungen. Signalleitungen von Sensoren und Stellgliedern können über Klemmleisten mit den Eingängen und Ausgängen der Schnittstellenbaugruppen einer SPS verbunden werden. Die Adressenbelegung der Schnittstellenkarten der SPS können mit Entwicklungssystemen für SPS-Software ausgetauscht werden [HPC91; SIE91]. Darüber hinaus kann diese Schnittstelle zwischen Elektrik und Software konsistent mit der Unterstützung des CAD-Systems verwaltet werden.

In CAD-Systemen für die Elektrokonstruktion wird nicht nur das Zeichnen der Schaltpläne ermöglicht, sondern es wird ein elektrisches Modell der Anlage erstellt. Dabei wird neben den verwendeten Bauteilen auch die Schaltungslogik erfaßt. Für weitere Auswertungen stehen somit alle technologischen und funktionalen Informationen zur Verfügung [CIE91]. Die Simulation elektrischer

Schaltungen wird durch am Markt verfügbare CAD-Systeme für die Elektrokonstruktion jedoch bisher kaum unterstützt, im Gegensatz zu CAD-Systemen für die Leiterplattenentwicklung.

Eine bisher ungelöste Aufgabe stellt die Verbindung der mechanischen und der elektrischen Beschreibung eines Bauteils dar und damit die Integration der Gestaltungsarbeit der mechanischen und elektrischen Konstruktion.

3.5 Softwareentwicklung für speicherprogrammierbare Steuerungen

3.5.1 Aufbau einer SPS

Speicherprogrammierbare Steuerungen (SPS) bestehen aus speziellen Rechnern, die Steuerungsfunktionen gemäß dem im Speicher abgelegten Programm ausführen. In der Literatur sind unterschiedliche Definitionen für SPS zu finden. Am konsequentesten ist der Ansatz nach [JAN90], den Begriff "speicherprogrammierbare Steuerung" ausgehend von den Einzelbegriffen "Speicher", "programmierbar" und "Steuerung" zu definieren [DIN80, DIN88]. Unter der Verbindung der dort weiter ausgeführten Einzeldefinitionen ergibt sich die allgemeine Festlegung des Begriffs "speicherprogrammierbare Steuerung" in Anlehnung an die Norm IEC 1131/1 (bisher Norm-Entwurf DIN-IEC 65A(SEC)65 [DII87]):

> "Digitales, elektronisches System für industrielle Umgebungen mit einem Programmspeicher für die interne Aufbewahrung der Anweisungen des Anwendungsprogramms, um spezifische Steuerungsaufgaben zu implementieren."

Diese allgemeine Definition schließt Prozeßrechner oder industrietaugliche PC, soweit sie für Steuerungsaufgaben eingesetzt werden, mit ein. Eine formale Unterscheidung zwischen diesen Rechnerarten wird deshalb im wissenschaftlichen Bereich [LAU89] auch ganz aufgegeben.

Eine SPS besteht aus den in Bild 3.3 dargestellten Baugruppen [AUE90, GRÖ89]:

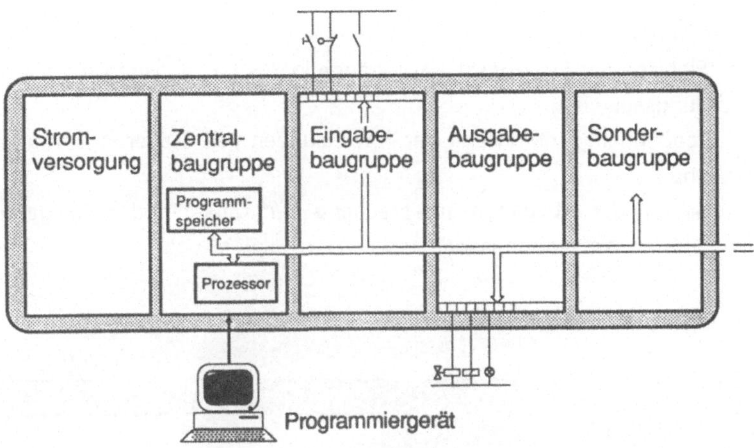

Bild 3.3: Aufbau einer speicherprogrammierbaren Steuerung (SPS)

Sonderbaugruppen verfügen für die dezentrale Bearbeitung spezieller Aufgaben nach Bedarf über eigene Schnittstellen zur Peripherie und eine eigene Programmierung. Sonderbaugruppen werden unter anderem für folgende Funktionen angeboten:

o Positionierungsaufgaben mit NC-Achsen,

o schnelle Zählfunktionen,

o Busanschaltungen,

o Diagnoseaufgaben,

o Prozeßvisualisierung und

o Regelungsaufgaben.

Bei den Bauformen werden Kompaktsteuerungen und modular aufgebaute SPS unterschieden [GRÖ89].

Es gibt kein durchgängiges, für alle SPS zutreffendes Prinzip für die Echtzeitverarbeitung von Steuerungsdaten. Die überwiegende Mehrheit der in der Praxis eingesetzten SPS entspricht jedoch dem zyklischen Bearbeitungsprinzip. Nach dem Einschalten durchläuft die SPS eine Initialisierungsphase, in der entsprechend den Voreinstellungen der Anwendungsspeicher vorbelegt wird. Danach erfolgt die zyklische Bearbeitung gemäß der Darstellung in Bild 3.4 in folgenden Schritten:

o   Einlesen der Eingangssignalzustände in das Eingangsabbild im Anwendungsspeicher,

o   sequentielle Ausführung der Anweisungen des Steuerungsprogramms und

o   Setzen der Ausgänge entsprechend dem Zustand des Ausgangsabbilds im Anwendungsspeicher.

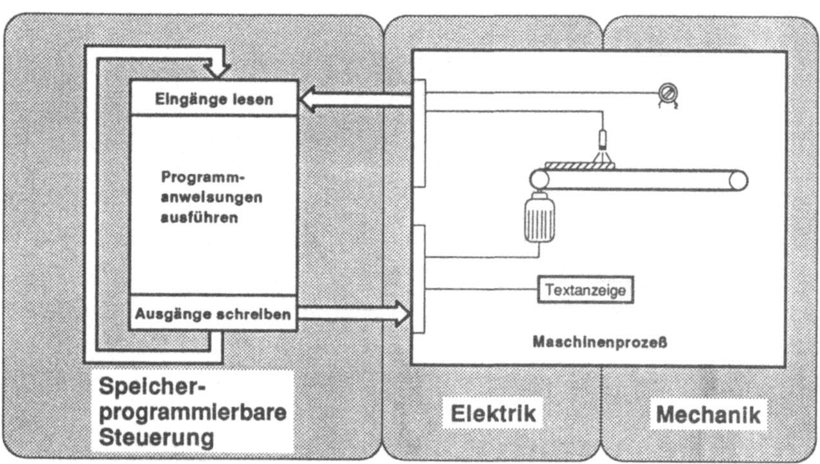

Bild 3.4:   Struktur der Informationsverarbeitung einer SPS

Die Zykluszeit, das ist die Dauer für die Bearbeitung dieser Schritte, muß klein sein. Somit werden die Eingangs- und Ausgangssignale praktisch parallel bearbeitet. Durch das Prozeßabbild, das aus Eingangs- und Ausgangsabbild besteht, wird eine konsistente Parallelbearbeitung möglich, da sich die Eingangszustände innerhalb eines Programmzyklus nicht ändern und ein kurzzeitiges Schalten von Ausgängen innerhalb eines Zyklus unterbunden wird. Dies ist jedoch mit dem Nachteil zu erkaufen, daß kurz anstehende, impulsförmige Eingangssignale bis zu ungefähr einer Zykluszeit von der Steuerung eventuell nicht wahrgenommen werden. Die Reaktion auf ein Eingangssignal erfolgt im ungünstigsten Fall etwa um die doppelte Zykluszeit verzögert, bis die betreffenden Aktoren angesteuert werden. Aus Sicherheitsgründen wird deshalb durch ein Überwachungszeitglied die Zykluszeit kontrolliert und bei Überschreiten eines Maximalwertes die Programmbearbeitung der SPS angehalten.

Darüber hinaus bieten viele SPS eine Interrupt-Verarbeitung für schnelle Reaktionen auf Ereignisse und die unmittelbare Schaltung von Ein- und Ausgängen unabhängig von der zyklischen Bearbeitung. Bei diesen unmittelbar geschalteten Schnittstellensignalen muß jedoch darauf geachtet werden, daß ihre Verarbeitung keine inkonsistenten Steuerungszustände erzeugt. Weitere Informationen über den Aufbau von SPS finden sich in [WRT89] und [LFB90].

3.5.2   Der Einsatzbereich von SPS

Bei der Wahl des Steuerungsrechners muß abhängig vom Umfang und von der Art der Aufgabe entschieden werden, ob eine oder mehrere SPS, ein Prozeßrechner [ACK89; WAN90] oder beide Rechnerarten zum Einsatz kommen [BEK91]. Mit der Rechnerarchitektur und der Steuerungshardware werden wesentliche Rahmenbedingungen eines Automatisierungssystems festgelegt. Sinkende Hardwarepreise und zunehmende Softwarekosten führen hier zu modularen, dezentralen Steuerungsarchitekturen mit übersichtlichen Teilsystemen. Die Festlegung und Durchsetzung von standardisierten Bussystemen und Kommunikationsprotokollen [PFL91; MEL91; TRA91] vereinfachen die Vernetzung unterschiedlicher Automatisierungsrechner und ermöglichen den Einsatz der für die jeweiligen Anforderungen am besten geeigneten Hardware. Überschaubare Aufgabenbereiche, die von einem Rechner bearbeitet werden und über eindeutige Schnittstellen verfügen, reduzieren die Komplexität der Anlagensteuerung. Die Aufspaltung umfangreicher Steuerungsaufgaben in weitgehend unabhängige Teilprobleme vereinfacht die Implementierung der Steuerung und ergibt strukturierte, einfach zu wartende Softwarelösungen.

Zur Verringerung des Aufwands für die Softwareerstellung ist die Auswahl geeigneter Hardware deshalb wesentlich. Die Verarbeitung vieler paralleler Binärsignale unter Echtzeitbedingungen ist das klassische Einsatzfeld von SPS. Auch komplexe logische Verknüpfungen von Binärsignalen lassen sich für SPS einfach programmieren.

Die SPS kann durch ihre modulare Struktur auf die Steuerungsaufgabe einfach zugeschnitten werden und bietet Module mit Sonderfunktionen für spezielle Steuerungsaufgaben. Diese Funktionen verursachen nur einen geringen Softwareaufwand durch die weitgehende Unterstützung der Hard- und Firmware der Modulbaugruppen. Darüber hinaus sind SPS für den Einsatz in einem rauhen, industriellen Umfeld ausgelegt und bieten eine hohe Betriebszuverlässigkeit durch Selbstdiagnosefunktionen, Potentialtrennung an den Schnittstellen zum Anlagenprozeß und ein definiertes Verhalten des Programms bei Störungen und beim Anlauf nach dem Einschalten der Steuerung.

Fallen neben der logischen Verarbeitung von Binärsignalen umfangreiche Datenkommunikations-, Konvertierungs- und Erfassungsaufgaben an, stellt eine Kombination aus SPS und Industrie-PC eine günstigere Rechnerlösung dar als der Einsatz nur eines Steuerungsrechners. Die Integration über einen Systembus [WEI91, BEK91] bildet dabei eine flexibel einsetzbare und leistungsfähige Architektur. Mit der SPS lassen sich einerseits hohe Anforderungen an die Echtzeitverarbeitung der Binärsignale erfüllen. Für den PC kann andererseits ein großes Spektrum von Standard-Software eingesetzt werden, die herstellerunabhängig ist und durch eigene Programme in beliebigen Programmiersprachen ergänzt werden kann.

Den zunächst höheren Kosten der Steuerungs-Hardware beim kombinierten Einsatz von SPS und Industrie-PC stehen Einsparungen auf der Seite der Softwareentwicklung und -wartung gegenüber, die die Gesamtkosten bei komplexen Anlagensteuerungen senken. Bei umfangreichen Automatisierungsanlagen in der Fertigung ist auch die Dezentralisierung der SPS-Aufgaben sinnvoll, um zu lange Programmzykluszeiten und daraus resultierende Probleme mit der Echtzeitdatenverarbeitung zu umgehen. Die modulartige Organisation der Stationen von Fertigungsanlagen erlaubt es, Schnittstellen für den Datenaustausch mit geringem Aufwand zu definieren und das Steuerungsprogramm in einem überschaubaren Umfang zu halten.

SPS mit mehreren Prozessoren, deren Rechenleistung durch zusätzliche CPU-Karten erweiterbar ist [BOS90], können bei größeren Aufgaben flexibel an die Anforderungen der Verarbeitungsgeschwindigkeit der Steuerungsaufgabe angepaßt werden. Die Verteilung der Programme auf die einzelnen Prozessoren unterstützt dabei die Strukturierung der Softwarelösung. Außerdem kann auf einfache Weise auf alle Steuerungsdaten der Anwendung zugegriffen werden.

3.5.3 Phasenmodell der SPS-Softwareentwicklung

Die Entwicklung von SPS-Software kann in mehrere Phasen gegliedert werden [BUL92]:

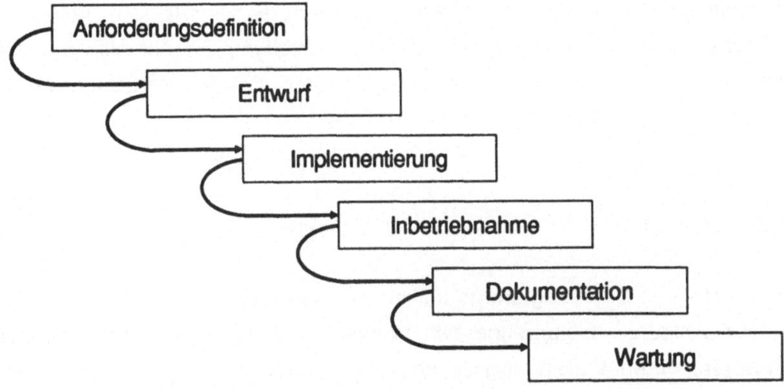

Bild 3.5: Sequentielles Phasenmodell der SPS-Softwareentwicklung

3.5.3.1 Anforderungsdefinition

Alle die Software betreffenden Bestimmungen des Entwicklungsauftrags und des Pflichtenhefts [VDR86] eines Automatisierungssystems können direkt in die Anforderungsdefinition der Software übernommen werden. Programmier- und Dokumentationsrichtlinien des Auftraggebers sollten explizit erfaßt werden, wenn sie in Form von Firmenbestimmungen oder -normen im Auftrag erwähnt sind. Die Unterlagen der mechanischen und elektrischen Konstruktion ergänzen die Anforderungen an die Software. Der Funktionsablauf des automatisierten Prozesses und die in den Schaltungsunterlagen bereits festgelegte Schnittstelle zwischen Steuerung und Prozeß liefern die wesentlichen Informationen.

Im Gegensatz zu konventionellen Datenverarbeitungsprogrammen bildet ein Steuerungsprogramm keine abgeschlossene Einheit mit dem Rechner, der das Programm ausführt. Durch die Kopplung an den Datenverarbeitungsprozeß ist die Berücksichtigung des physikalischen Maschinenprozesses bei der Informationsverarbeitung notwendig. Bild 3.4 verdeutlicht dies in einer schematischen Darstellung. Die eindeutige Beschreibung der mechanischen und elektrischen

Ausführung einer Produktionsanlage ist deshalb eine Voraussetzung für die Definition der Anforderungen an die Steuerung. Gelangt der Informationsfluß dieser Konstruktionsdaten unvollständig oder zu spät zur Softwareentwicklung, kann keine gültige Spezifikation der Steuerungsprogramme erstellt werden. Die Wichtigkeit eines gut organisierten und verwalteten Auftragsdurchlaufs einer Fertigungsanlage wird dadurch deutlich. Vor allem die zuverlässige, konsistente und rasche Informationsbereitstellung und -verteilung ist für die Softwareentwicklung wichtig und macht sie in hohem Grad von den vorgelagerten Konstruktionsbereichen abhängig [KOH91; AUT90].

3.5.3.2 Entwurf

Der Entwurf eines SPS-Programms basiert auf den Einzelfunktionen der Anlage, aus denen Abläufe zusammengestellt werden, und den elektrischen Sensoren und Aktoren, deren Verbindung zu den Ein-/Ausgabemodulen die Schnittstelle zwischen Maschinenprozeß und Steuerung darstellt.

Mit der Strukturierung des Steuerungsproblems beginnt die Konkretisierung der Lösung. Das Ziel ist dabei, die Komplexität des Gesamtsystems zu reduzieren. Die Definition von Teilaufgaben mit hierarchischer Abstufung des Detaillierungsgrades ermöglicht die sukzessive Dekomposition der gesamten Steuerungsaufgabe. Für jede Teilaufgabe sind die auszuführenden Funktionen und die Eingangs- und Ausgangsinformationen genau festzulegen.

Die hierarchische Strukturierung von oben nach unten (top-down) ergänzt von unten nach oben (bottom-up) entwickelte Unterstrukturen. Standardmodule und bereits realisierte Softwarelösungen für Teilaufgaben können so in den Entwurf konsistent eingefügt werden [LAS90]. Die vollständige und korrekte Einbindung der gegebenen Sensorik und Aktorik wird dadurch ebenfalls unterstützt.

Es gibt eine Vielzahl von Vorgehensweisen zur Formalisierung und Darstellung der Entwurfsarbeit. Funktionspläne [DIN77], Programmablaufpläne [DII83], Funktionsdiagramme [VDI77], Petri-Netze [SCG89; REI86], und freie oder verbale Beschreibungen sind die am weitesten verbreiteten Darstellungsformen. Die Wahl der Entwurfsbeschreibung hängt von Umfang und Komplexität der Steuerungsaufgabe und dem Bearbeitungspersonal ab. Formale Darstellungsformen sind bei großen Projekten notwendig und erfordern eine systematische und abstrahierende Vorgehensweise der Entwurfserstellung. Die daraus entwickelten Softwaremodule lassen sich bei ähnlichen Aufgabenstellungen leicht wiederverwenden. Anschauliche mechanische Fertigungsprozesse und Arbeitsstationen in überschaubaren Moduleinheiten erlauben dagegen auch weniger formale Vorgehensweisen.

Am weitesten verbreitet sind Softwareentwicklungssysteme, die den Entwurf und die Implementierung von Steuerungssoftware auf der Grundlage von Netzbeschreibungen [RIE85; OES86; MEY91], Funktionsplandarstellungen [MÜM90] und textuellen Sprachen [LUW89] unterstützen. Vergleiche dieser Darstellungsformen in der Literatur [STO91; OES86; LEN91] kommen zu dem Ergebnis, daß graphische Beschreibungen wie Petrinetze, Zustandsgraphen und Funktionspläne für Steuerungsaufgaben am besten geeignet sind. Typische Datenverarbeitungsaufgaben wie Suchen nach einer Artikelnummer oder Datenaustausch mit variablen Kommunikationsprotokollen können durch diese Darstellungsformen jedoch nur bedingt beschrieben werden.

Wichtiger als die Wahl der Darstellungsform bei der Entwurfsarbeit für Steuerungsaufgaben ist die Vorgehensweise bei der Strukturierung der Software. Der zustandsorientierte Entwurf [LUE90] bietet eine methodische Vorgehensweise für die systematische Umsetzung und Implementierung einer Steuerungsaufgabe. Hierbei werden alle vorkommenden Steuerungszustände (Aktionen) und ihre Übergangsbedingungen (Transitionen) erfaßt. Diese allgemeingültige Steuerungsbeschreibung ist für überschaubare Steuerungseinheiten einfach aufzustellen und kann direkt in eine Programmdarstellung umgesetzt werden.

Schwierigkeiten bereitet in der Praxis bisher die Aufgabe relativ unabhängige Steuerungseinheiten zu identifizieren, für die solche Zustandssteuerungen aufzustellen sind. Ein weiteres ungelöstes Problem ist die Bearbeitung des Steuerungsentwurfs aus einer Gesamtperspektive der konstruktiven Aufgabe, die deren mechanische und elektrische Ausführung mit einschließt und berücksichtigt. Bei der bisher weitgehend auf die Steuerungsproblematik isolierten Betrachtungsweise ergeben sich Mängel, deren Behebung den hohen Aufwand bei der Inbetriebnahme [WEK91] verursachen. Da die mechanischen und elektrischen Konstruktionsfestlegungen die Voraussetzungen für die Steuerung eines betrachteten Systems schaffen, muß ein Weg gefunden werden, die mechanischen, elektrischen, funktionalen und steuerungstechnischen Beschreibungen dieses Systems miteinander integrierend zu verbinden. Hierzu muß das den

Entwurf unterstützende Softwaresystem den Zugriff auf mechanische und elektrische Konstruktionsdaten ermöglichen. Eine bedienerfreundliche Handhabung ist ebenfalls Voraussetzung.

CASE-Werkzeuge werden in umfangreichen Softwareprojekten der Prozeßdatenverarbeitung eingesetzt [HOW91; LUD91; KOC88]. Das in [REI91] vorgestellte CASE-Werkzeug für die SPS-Softwareentwicklung unterstützt verschiedene Entwicklungsmethoden. Im praktischen industriellen Einsatz sind CASE-Systeme bisher kaum zu finden, auf Grund der für ihren Einsatz erforderlichen Spezialisten und der hohen Hard- und Softwareanforderungen.

In [JAN90] wird das speziell für SPS-Anwendungen entwickelte Projektierungssystem PROSYS/LPS vorgestellt, das die Erstellung des Pflichtenhefts und die Auswertung von Planungsunterlagen mit natürlichsprachlicher Beschreibungsform ermöglicht. Vorzüge dieses Systems sind die sehr einfache Erlernbarkeit und Beschreibung von Steuerungsaufgaben. Der zuverlässige Einsatz in der industriellen Praxis muß jedoch noch gezeigt werden.

An der objektorientierten Modellierung und Softwareentwicklung ausgerichtete Systeme bieten einen neuen methodischen Ansatz in der Softwareentwicklung. Für auf Objekten basierende Prozeßprogrammierung wird das CASE-System GRAPPA [HIL89] entwickelt. Es basiert auf der impliziten Programmierung durch stilisierte Darstellungen von Anlagenkomponenten, denen funktionale Beschreibungen unterlegt sind. Damit bietet dieses System bereits den Ansatz einer Anlagenkomponente ein Steuerungsverhalten zuzuordnen, und, sofern die benötigten Steuerungsmodule in der Bibliothek hinterlegt sind, durch bedienerfreundliches Konfigurieren eine Steuerungsanwendung zu erstellen.

In den Planungsablauf integrierte Ansätze der Softwareprojektierung für SPS werden in [SCS91] beschrieben. Auf der Grundlage der in einer objektorientierten Datenbank hinterlegten Planungsinformationen wird der Anlagenprozeß modelliert und die Steuerung in einer objektbezogenen GRAFCET-Notation beschrieben. Neben der logisch-funktionalen Grundausrichtung unterstützt das Planungssystem eine betriebsmittelorientierte Sichtweise, die auf der Grundlage einer objektorientierten Modellierung die integrierte Betrachtung von Steuerung und Anlagenprozeß unterstützt. Eine direkte Verbindung von mechanischen, elektrischen und funktionsdefinierenden Konstruktionsdaten ist jedoch auch bei diesem System nicht gegeben. Diese Forderung kann nur durch die Integration der Softwareentwicklungsumgebung in ein funktionsmodellierendes CAD-System erreicht werden.

3.5.3.3 Implementierung

Wichtige Rahmenbedingungen für die Umsetzung des Steuerungsprogramms werden durch die SPS-Sprache vorgegeben. Vor allem bei mechanischen Maschinen bestehen hohe Anforderungen an die Echtzeitfähigkeit der Steuerung. Für minimale Bearbeitungszeiten der zyklisch ausgeführten Programme verwenden handelsübliche SPS assemblerähnliche Sprachen, die meist an die DIN-Norm 19239 [DIN83] und die VDI-Richtlinie 2880 [VDI85] angelehnt sind. Absolute Adreßangaben übertragen dem Programmierer die Verwaltung des Speichers für die Programmzustände und erlauben den schnellen Zugriff auf Speicherinhalte. Der Erstellungsaufwand für die SPS-Software ist jedoch hoch und die Wiederverwendung durch die absoluten Adreßangaben nur eingeschränkt möglich.

Bei der Darstellung des Programms wird die mnemotechnische Anweisungsliste (AWL) von den meisten SPS-Programmierern angewandt [SPS91]. Sie ist knapp und übersichtlich. Der Funktionsplan (FUP), der aus der Projektierung verfahrenstechnischer Anlagen stammt, steht nach einer Erhebung unter SPS-Anwendern [SPS91] an der zweiten Stelle der eingesetzten SPS-Sprachen. Die graphische Darstellung als Funktionsplan macht das Steuerungsprogramm leicht verständlich und nachvollziehbar. Sie ist jedoch umständlicher in der Handhabung im Programmeditor. Die Darstellung eines kleineren Ausschnitts auf dem Bildschirm und aufwendigere Eingabeoperationen im Vergleich zur Anweisungsliste sind die Nachteile der Funktionsplandarstellung. Der an elektrische Schaltplandarstellungen angelehnte Kontaktplan (KOP) wird vor allem beim Wartungspersonal in der Produktion eingesetzt. Die ursprünglich aus Frankreich kommende Programmiersprache GRAFCET [GCT90; ADE79] baut auf der Theorie der Petri-Netze auf. Durch diese Sprache werden ablauforientierte Steuerungen und deren hierarchische Strukturierung unterstützt.

Neben den oben aufgeführten Programmdarstellungen mit weiter Verbreitung gibt es spezielle SPS-Programmiersprachen. Im wissenschaftlichen Bereich werden Petri-Netze bzw. Zustandsgraphen direkt für die Festlegung der Steuerungsfunktionen und für die Prozeßmodellierung [STO91; STO86; FLE87; MÖH89] eingesetzt. Netzdarstellungen können mathematisch ausgewertet werden. Dadurch lassen sich z. B. Verklemmungen paralleler Abläufe erkennen. Bei kommerziellen SPS mit besonderer Programmierung werden textuelle Sprachen mit Variablen [FAT91] und steuerungsspezifisch erweiterte Hochsprachen wie C [BAS88] und BASIC [FES90] bzw. die objektorientierte Erfassung der Prozeßsteuerung [APT87] eingesetzt.

Mit dem internationalen Norm-Entwurf IEC 1131/3 (bisher DIN-IEC 65A(SEC)67 [DIN87]) wird eine umfassende Standardisierung [TRB91; MIT91; KUN90] der SPS-Programmierung angestrebt. Dazu werden die verbreiteten Sprachdarstellungen genormt und um die steuerungsspezifische Hochsprache Strukturierter Text (IEC-ST) ergänzt. Zusätzlich wurde die Ablaufsprache (AS) eingeführt. Sie stellt eine textuelle Form des Ablaufdiagramms dar, das auf der Sprache GRAFCET basiert. Die wesentlichen Vorteile dieser Norm sind das Variablenkonzept und die objektbasierte Struktur der Programmorganisationseinheiten. Das Sprachkonzept der Norm wird später ausführlicher vorgestellt und in Bild 3.6 in einer Übersicht zusammengefaßt.

Für die Effizienz der Programmierung sind jedoch nicht nur der Befehlsumfang und die Darstellungsart einer Sprache von Bedeutung. Entscheidend sind die Möglichkeiten zur Strukturierung eines Programms und der Einsatz standardisierter Softwaremodule. Anwenderprogramme mit einer Baustein- oder Unterprogrammstruktur haben deshalb einen deutlichen Vorteil gegenüber linearen Programmen. Speziell Bausteine die mit Übergabeparametern aufgerufen werden, können sehr flexibel eingesetzt werden.

Da Auftraggeber von Produktionsanlagen oft die Steuerungsfamilie im Kaufvertrag vorgeben, um die Wartung und Instandhaltung ihres Maschinenparks zu vereinfachen, sind Sondermaschinenhersteller gezwungen, ihre Anlagensteuerungen auf unterschiedlichen SPS zu realisieren. Die typspezifischen Programmiersprachen der SPS verursachen dabei einen erheblichen Entwicklungsaufwand, der durch eine standardisierte SPS-Sprache drastisch reduziert werden könnte. Der Einsatz bereits entwickelter Softwarebausteine auf der SPS eines anderen Herstellers ist bisher unmöglich. Die zugrundeliegende Funktionalität muß neu codiert werden. Hinzu kommt der Aufwand, sich immer wieder mit der Hardware eines neuen SPS-Typs und seiner Softwareentwicklungsumgebung vertraut zu machen.

Gemeinsame Deklarationselemente

Elemente zur Einbettung von SPS
CONFIGURATION, RESOURCE, TASK, VAR_ACCESS, VAR_GLOBAL

Steuerungselemente
TYPE, FUNCTION, FUNCTION_BLOCK, PROGRAM

Verknüpfungssteuerungselemente:
algorithmische (textuelle) Formulierungen:

Strukturierter Text (ST)

```
i := f(10+k-j * trunc(3.14));
WHILE i > 0 DO ...
END_WHILE;
IF b1 THEN ...
ELSEIF b2 THEN ...
ELSE ... END_IF;
...
```

Anweisungsliste (AWL)

```
start:  LD      10
        ADD     k
        SUB(    j
        MUL(    3,14
        trunc
        )
end:    ) ...
```

strukturelle (graphische) Formulierungen:

Funktionsplan (FUP)

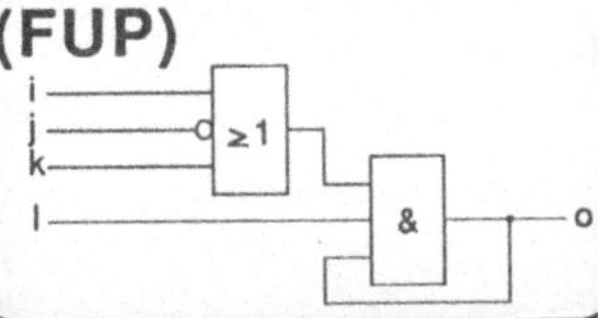

Kontaktplan (KOP)

Ablaufsteuerungselemente:
STEP, ACTION, TRANSITION

Ablaufdiagramm

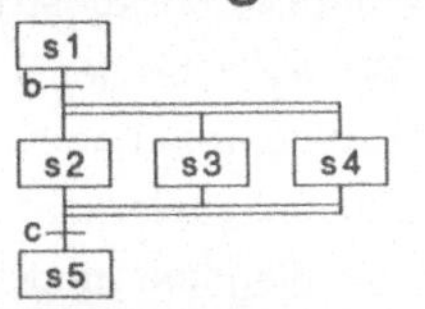

Ablaufplan

```
INITIAL_STEP s1: ... END_STEP
ACTION a1: ... END_ACTION
TRANSITION
    FROM s1 TO (s2, s3, s4) := b;
END_TRANSITION
...
```

Bild 3.6: Sprachstrukturen der IEC-Norm 1131/3 nach [TRB91]

Obwohl die auf einzelne Steuerungsfamilien spezifisch zugeschnittenen Softwarepakete zur Programmentwicklung in den letzten Jahren in ihrer Funktionalität erweitert und in der Bedienungsfreundlichkeit verbessert wurden, werden sie den steigenden Anforderungen nicht voll gerecht. Das Hauptproblem liegt in der starren, hierarchisch organisierten Bedienung. Werden verschiedene Informationen gleichzeitig benötigt, müssen sie, mit oft langen, umständlichen Bedienungsfolgen, nacheinander abgefragt werden. Es ist z. B. meist nicht möglich, den aufrufenden und den aufgerufenen Programmbaustein parallel zu editieren und die Symbolliste mit den Zuordnungen der absoluten Speicheradressen gleichzeitig darzustellen. Eine effiziente, benutzerfreundliche Entwicklungsumgebung muß dies jedoch ermöglichen. Lediglich Funktionen zur einfachen Bearbeitung des Programmtextes, wie z. B. Suchen nach Begriffen oder Kopieren eines Textabschnitts, werden unterstützt.

Um die Arbeit des Softwareentwicklers zu unterstützen muß deshalb eine bedienerfreundliche Entwicklungsumgebung erstellt werden, die den gleichzeitigen Zugriff auf verschiedene Projektinformationen ermöglicht. Diesem Entwicklungswerkzeug für die Softwareerstellung wird das Sprachkonzept der IEC-Norm 1131/3 zu Grunde gelegt, da es

o   herstellerunabhängig ist,
o   einen internationalen Konsens darstellt und
o   durch den objektbasierten Ansatz die Verbindung der Steuerungssoftware mit den mechanischen und elektrischen Konstruktionsinformationen unterstützt.

3.5.3.4   Inbetriebnahme

Die Inbetriebnahme eines Automatisierungssystems betrifft nicht nur die Softwareentwicklung, sondern alle an der Herstellung beteiligten konstruktiven und fertigungstechnischen Bereiche [EVE90; SOS90]. Die Aufgabe der Steuerung ist die Ausführung der Kontroll-, Steuer- und Entscheidungsfunktionen. Erst durch die Ansteuerung der Aktorik und Erfassung der Sensorsignale kann die Funktionsfähigkeit einer Anlage geprüft werden. Die Fehlerdiagnose und -analyse erfolgt deshalb auf der Grundlage der Steuerungsfunktionen und der Erfassung der Anlagenzustände im Monitorbetrieb der SPS mit dem Programmiergerät. Dem Softwareentwickler fällt aus diesem Grund die führende Rolle bei der

Inbetriebnahme zu. Auch wenn viele Fehlfunktionen keine primär softwaretechnische Ursache haben, werden sie dennoch mit Hilfe des Monitorbetriebs der Steuerung festgestellt.

Es gibt unterschiedliche Möglichkeiten, das Gesamtsystem bei der Inbetriebnahme in einen funktionstüchtigen Zustand zu bringen. Ein Näherungsschalter, der eine Hubbewegung auslöst, kann z. B. durch vorzeitiges Schalten Störungen verursachen. Die Behebung der Störung kann durch Versetzen des Schalters (mechanisch), durch Einstellen des Schaltbereichs (elektrisch) oder durch eine programmierte Verzögerung (softwaretechnisch) erfolgen.

Zur Unterstützung der Inbetriebnahme bieten SPS in Verbindung mit ihren Programmiergeräten Test- und Monitorfunktionen [LÜD91]. Die Möglichkeit, Programmbausteine im On-line-Test auf der Steuerung zu editieren und die Programmbearbeitung zu visualisieren, ist eine wichtige Hilfe, um den korrekten Ablauf eines Programms zu überprüfen. Durch die Darstellung von Registerinhalten und Speicherbereichen können dabei interne Zustände der Steuerung überwacht werden.

Für Boolesche Verknüpfungen und Steuerungszustände, die den klassischen Einsatzfall von SPS darstellen, sind diese Testfunktionen bestens geeignet. Speicherbereiche mit schnell wechselnden Inhalten und Programmteile, die nur bedingt mit umfangreicher Verarbeitung von Datenworten oder indirekter Adressierung durchlaufen werden, sind damit jedoch nur schwer überprüfbar.

Komfortable Programmiersysteme ermöglichen die Protokollierung des Monitorbetriebs. Diese wichtige Unterstützung kann aber die fehlende, frei manipulierbare Off-line-Logikanalyse des SPS-Programms nicht ersetzen. Speziell die zunehmend notwendigen Programmteile der Datenerfassung und -kommunikation bei Vernetzung, Qualitätssicherung, Visualisierung, Identifikation und Auftragsverwaltung machen die Prüfung und Kontrolle des Programmablaufs mit den Funktionen eines Debuggers erforderlich.

3.5.3.5 Dokumentation

Die Dokumentation eines SPS-Programms umfaßt üblicherweise den Quellcode des erstellten Programms, die Symbolliste und die Querverweisliste. In der auch

als Zuweisungsliste bezeichneten Symbolliste werden den absoluten Speicheradressen zum einfacheren Verständnis Bezeichnungen zugeordnet. Die Querverweisliste dokumentiert, an welchen Stellen im Programm ein Operand verwendet wurde und welche Operation dabei ausgeführt wird. Darüber hinaus
sind, neben den Unterlagen von Peripherieeinheiten (z. B. Textanzeigen, Bedien-
pulte ...) und deren Bedienungsanleitungen, freie verbale Dokumentationstexte
üblich.

3.5.3.6 Wartung

Fertigungseinrichtungen unterliegen einer ständigen Optimierung. Nach Aufnahme des Produktionsbetriebs ergeben sich häufig auch Erweiterungen. Eingriffe
in die Steuerungssoftware sind deshalb nicht ungewöhnlich. Bei Reparaturarbei-
ten ist der Zugriff auf die SPS und den Monitorbetrieb zur Fehleranalyse
verbreitet, wenn Anlagen ohne Diagnoseauswertung die Fehlerursache nicht
direkt anzeigen. Neben der Dokumentation der Software sind die Schaltungsunterlagen einer Produktionseinrichtung für die einfache Durchführung von
Wartungsarbeiten an der Steuerung wichtig.

3.6 Projekt-Management

Die Aufgaben des Projekt-Managements bei der Herstellung einer Produktionseinrichtung umfassen die Planung, Abstimmung und Kontrolle aller hierzu notwendigen Vorgänge [GRO90]. Für die Lösung dieser Aufgaben müssen der Umfang einzelner Aufgabenpakete mit den durchführenden Abteilungen
abgestimmt und eine Termin- und Kapazitätsplanung erstellt werden [BUL76;
VOS91]. Außerdem ist auf eine reibungslose Informationsbereitstellung zu
achten, indem die Informationsflüsse zwischen den am Projekt beteiligten
Mitarbeitern aufrechterhalten werden. Entscheidend ist die Weitergabe der
Informationen durch die erzeugenden Arbeitsbereiche an alle Projektbeteiligten,
die diese Informationen zur weiteren Verarbeitung benötigen [SOS90].

In der industriellen Praxis sind bei der Projektsteuerung häufig tiefgreifende Probleme anzutreffen [GEM90], die durch Planungsmängel und unzureichendes In-
formationsmanagement innerhalb eines Projekts entstehen [KOH91]. Bild **3.7**
beschreibt die Informationsflüsse bei der herkömmlicherweise sequentiell struk-

türierten Auftragsabwicklung eines Projekts zur Erstellung einer automatisierten Montageanlage. Mit zunehmendem Projektfortschritt werden die Informationsflüsse immer umfangreicher. Dadurch sind sie schwieriger zu handhaben und zu steuern.

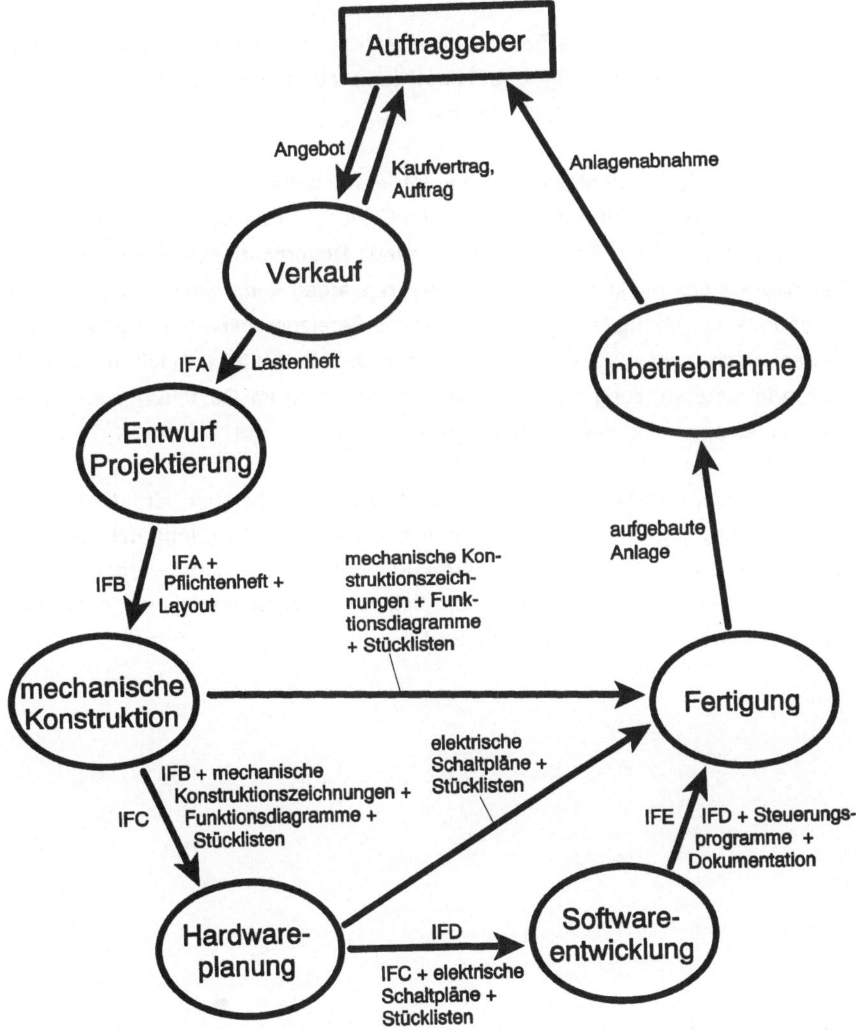

IF: Informationsfluß

Bild 3.7: Idealisiertes Informationsflußdiagramm der sequentiellen Auftragsabwicklung einer Montageanlage

Vor allem bei der Durchführung von Gestaltungsänderungen ist auf die Erhaltung der Datenkonsistenz zu achten. Fehler, die sich aus nicht übereinstimmenden Gestaltungsinformationen ergeben, sind um so aufwendiger zu beheben, je später sie erkannt werden.

Ansätze für eine effiziente Betriebsorganisation, die günstige Voraussetzungen für die Auftragsabwicklung und Herstellung automatisierter Montageanlagen schaffen soll, werden in [DOR91] behandelt.

Probleme im Zusammenhang mit der Informationsbereitstellung und Datenhaltung sind bisher jedoch nur unbefriedigend gelöst, da der Aufwand der Informationsverwaltung für in Papierform vorliegende Dokumente sehr hoch ist und die Datenkonsistenz meist nicht völlig gewahrt werden kann. Rechnergestützte Informationsverwaltung ist bisher auf einzelne Bereiche beschränkt, die informationstechnisch nicht miteinander integriert sind. Eine neue Methodik und die umfassende Unterstützung der Informationsverwaltung im Gestaltungsprozeß von Montageanlagen sind deshalb dringend erforderlich [EHR91; HEN91].

Da viele Fehler bereits beim Entwurf der Anlage entstehen, ist darauf zu achten, wie die Erfahrungen aus der Fehlerbehebung während der Inbetriebnahme für den Anlagenentwurf und die Konstruktion nutzbar gemacht werden können. Hierfür ist eine neue Vorgehensweise bei der Anlagenentwicklung notwendig, die im folgenden Kapitel entwickelt wird.

Die im Rahmen der vorliegenden Arbeit entwickelte und nachfolgend vorgestellte Vorgehensweise für Planung, Konzeption, Entwurf und Ausarbeitung einer Montageanlage unterstützt zu jedem Zeitpunkt und bei allen beteiligten Un-
ternehmensbereichen eine ganzheitliche Betrachtungsweise des herzustellenden
Automatisierungssystems. Schrittweise, durch analytisch-kausale Verfahren
gewonnene Teillösungen werden bewertet und in den Lösungsansatz des Anlagenkonzepts integriert, aus dem dadurch die Gesamtlösung entsteht (Bild 4.1).
Das Zusammenspiel unterschiedlicher funktionaler Aspekte und verschiedener
Bauteile läßt sich damit frühzeitig prüfen. Gleichzeitig kann das entstehende
Anlagenmodell flexibel an neue Erkenntnisse oder geänderte Spezifikationen an-
gepaßt werden.

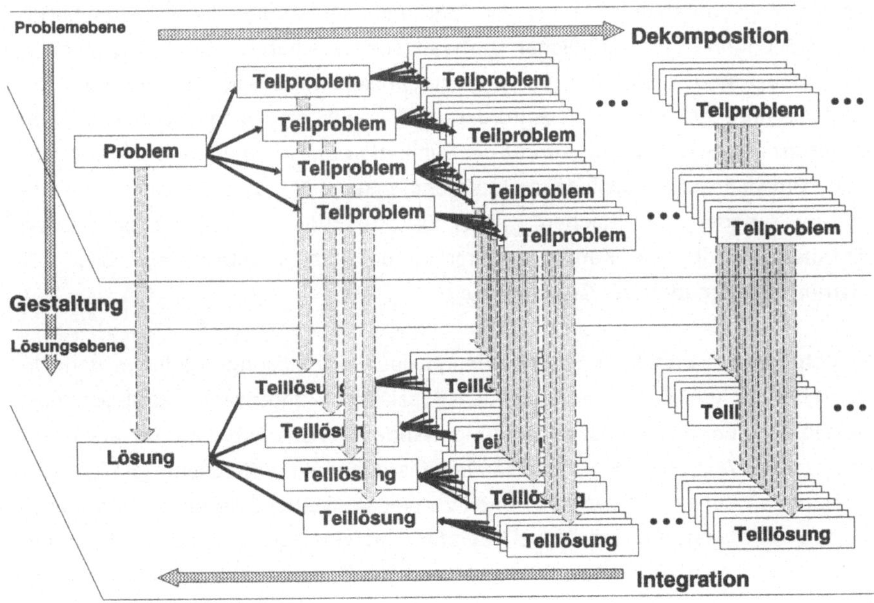

Bild 4.1: Vorgehensweise bei umfangreichen Entwicklungsaufgaben

Ausgehend von dieser integrierten Betrachtungsweise der Anlage wird auf die Softwareentwicklung für SPS ausführlich eingegangen. Das integrierte Anlagenmodell unterstützt dabei die Verbindung der Softwareentwicklung zu den anderen Teilprozessen der Anlagenentwicklung.

4.1   Moderierte Planung und Konzeption eines Automatisierungssystems

Das Ziel der moderierten Planung und Konzeption eines Automatisierungssystems ist die Festlegung der Lösungswege für die Umsetzung der Anforderungen des Lastenhefts, indem das gesamte zur Verfügung stehende, auf verschiedene Mitarbeiter verteilte Wissen einbezogen wird. Das Kernproblem ist dabei, zu einem sehr frühen Zeitpunkt genaue Leistungsangaben und Festlegungen für eine optimierte technische Lösung in bezug auf Funktionalität, Kosten und Herstellung zu treffen.

Für die Entwicklung eines Produktionssystems ist deshalb eine diesen wachsenden Planungsaufgaben angemessene Methodik notwendig, die zu wirtschaftlichen Lösungen mit verläßlicher Aufwandsbeschreibung und Terminplanung führt. Dabei sind, neben den verfahrenstechnischen, auf die Durchführung der Montagevorgänge bezogenen Anforderungen, auch die wachsenden Aufgaben der Informationsverarbeitung und Kommunikation gleichermaßen zu berücksichtigen. Um das auf verschiedene Unternehmensbereiche und Personen verteilte Wissen nutzbar zu machen, sind alle für die Lösung erforderlichen Wissensträger in die Konzeptionserarbeitung mit einzubeziehen. Bild 4.2 illustriert diese moderierte Gruppenarbeit.

Die schrittweise erstellten Spezifikationen und Prinziplösungen können dann in jeder Hinsicht von den entsprechenden Spezialisten hinterfragt und abgesichert werden. Das bei den Fachabteilungen vorhandene Wissen über die tatsächlichen technischen Ausführungen der Planungsfestlegungen ermöglicht genaue Abschätzungen der Leistungsdaten schon zu diesem frühen Zeitpunkt. Dem Planer und Projekt-Manager kommt dabei in erster Linie eine vermittelnde und führende Rolle zu. Er hat dafür Sorge zu tragen, daß die Beiträge aller Beteiligten angemessen berücksichtigt werden und Widersprüche und gegensätzliche Forderungen bewertet und durch Kompromisse aufgelöst werden. Außerdem ist die Lei -

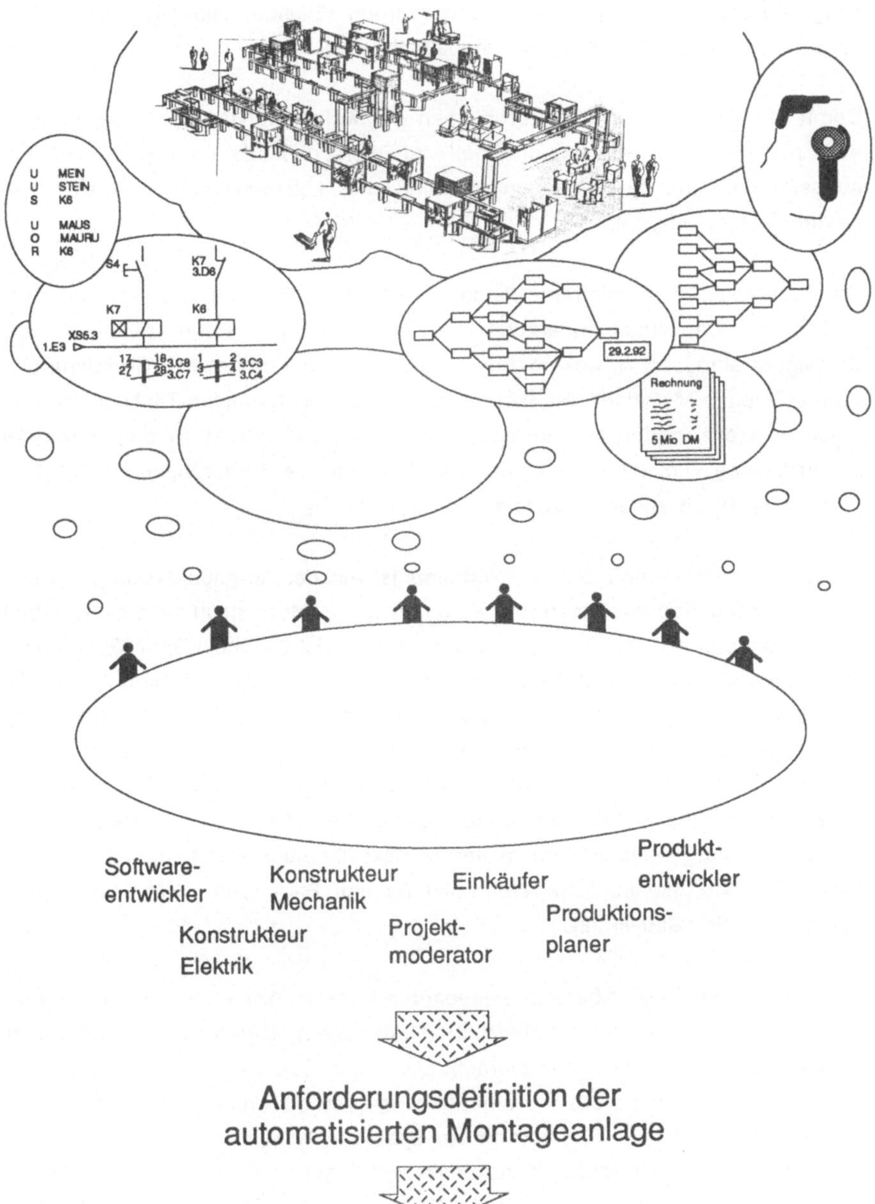

Bild 4.2: Moderierte Planung und Konzeption einer Montageanlage

tung und Strukturierung der Gesprächsführung für eine zielorientierte Abwicklung der Planung und Konzeption unerläßlich.

Damit kann den beiden Hauptproblemen der Konzeptionsarbeit begegnet werden: die von einer Person nicht mehr zu überschauende Komplexität der Lösungsfindung und die Festlegung verbindlicher Leistungskennwerte zum frühestmöglichen Zeitpunkt.

Die Zusammenarbeit mehrerer Personen erfordert den sich mit der Planungs- und Entwicklungsarbeit ändernden aktuellen Informationsstand ständig für alle Beteiligten eindeutig zu dokumentieren. Spezielle, die moderierte Gruppenarbeit unterstützende Methoden der Projektarbeit, wie z. B. Metaplan-Technik oder die Ideenkonferenz, helfen bei der Wissenserhebung und -strukturierung sowie bei der Erfassung verschiedener Lösungsansätze, um die Forderungen des Lastenhefts in ein Pflichtenheft umzusetzen.

Die Zusammensetzung des Entwurfsteams ist aus der Aufgabenstellung abzuleiten. Bei Produktionssystemen und automatisierten Montageanlagen sind, neben dem moderierenden Projekt-Management, die Bereiche mechanische Gestaltung, elektrische Planung und Softwareentwicklung abzudecken. Bei Bedarf sind die Konstruktion und Arbeitsplanung des zu fertigenden Produkts ebenfalls in den Planungsprozeß mit einzubeziehen. Wesentlich für eine optimale Funktion der geplanten Anlage ist vor allem die Zusammenarbeit zwischen den Entwicklungsbereichen, welche die Gestaltung der Anlage bestimmen. Der Vorteil des gemeinsamen Vorgehens ist, neben der Berücksichtigung aller relevanten technischen Aspekte, die implizite Weiterbildung und Erweiterung der technischen Perspektive aller Beteiligten.

Auf den eigenen Arbeitsbereich eingeengtes Denken, das entweder auf die mechanische oder elektrische Konstruktion oder die Softwareentwicklung fixiert ist, kann dadurch überwunden werden. Durch den Gedankenaustausch im Team wird eine Gesamtsicht des Automatisierungssystems unterstützt. Diese ganzheitliche Betrachtungsweise kommt der späteren detaillierenden Konstruktionsarbeit zugute und unterstützt Konsistenz- und Funktionsüberprüfungen während des gesamten Projektablaufs, indem die konzipierten Teillösungen sukzessive ausgearbeitet werden.

4.2   Die Anlagenentwicklung mit einem integrierten CAD-System

4.2.1   Integration der Entwicklungsteilprozesse

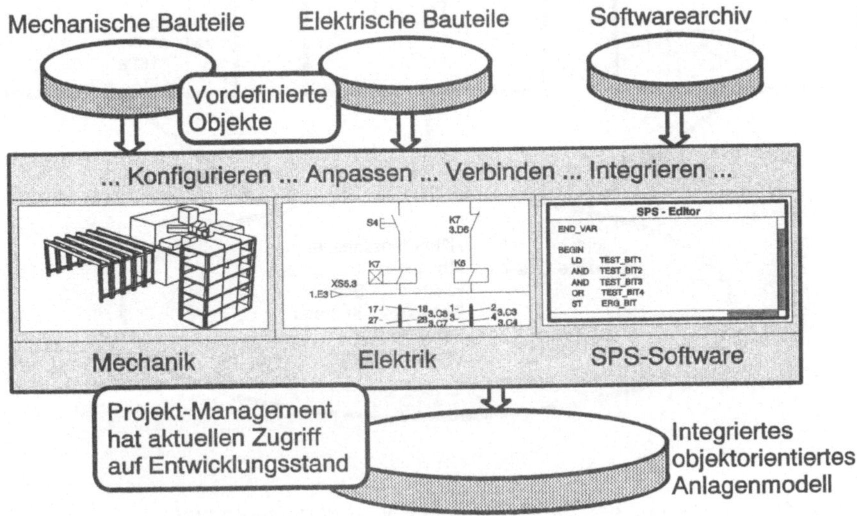

Bild 4.3: Gestalten am integrierten Anlagenmodell

Die moderierte Planungs- und Konzeptionserarbeitung führt zu einer Spezifikation des Automatisierungssystems, die, neben den physikalischen, auch verfahrens- und informationstechnische Forderungen gleichermaßen berücksichtigt. Dieses gedankliche Lösungsgerüst ist nun in der Gestaltungs- und Ausarbeitungsphase auszufüllen. Um diese Aufgabe effizient durchzuführen, sind die mechanischen, elektrischen und softwaretechnischen Entwicklungsarbeiten in den Zusammenhang der Gesamtlösung zu stellen, wie in Bild 4.3 illustriert wird. Wenn alle Entwickler an einem gemeinsamen Anlagenmodell unter genau abgegrenzten Aufgabenstellungen an verschiedenen Bereichen gleichzeitig arbeiten, dann sind diese begrenzten Teilschritte der Entwicklung in einem annähernd stetigen Prozeß zu einer umfassenden, konsistenten Beschreibung des Automatisierungssystems zu führen. Da sich alle Mitarbeiter auf ein zentrales Anlagenmodell beziehen, können Dateninkonsistenzen verhindert und Fehler frühzeitig erkannt werden.

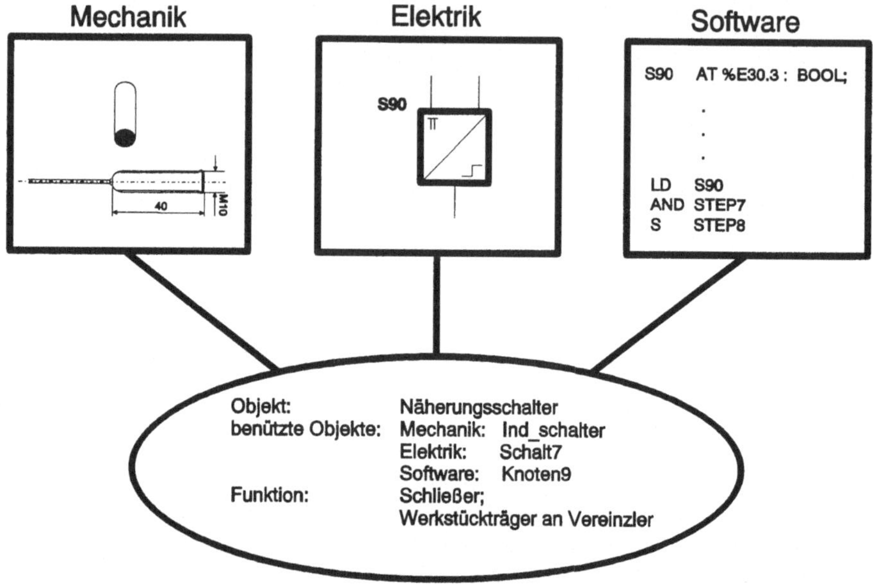

Bild 4.4: Abbildung eines Bauteils in den Konstruktionsunterlagen

Ist zum Beispiel ein Näherungsschalter (Bild 4.4) durch einen Konstrukteur im geometrischen Layout des Automatisierungssystems plaziert, in den Schaltplänen oder der Steuerungssoftware aber noch nicht berücksichtigt, so kann dies über das integrierte Anlagenmodell leicht festgestellt werden.

Definiert man die Konstruktion als die Bereitstellung aller Informationen, die für die Fertigung und Inbetriebnahme eines Automatisierungssystems notwendig sind, so muß das integrierte Anlagenmodell alle notwendigen Funktions- und Gestaltungsinformationen des beschriebenen Automatisierungssystems enthalten. Die Voraussetzung für die Einführung eines solchen Modells ist die Schaffung einer für alle Entwickler und Konstrukteure zugänglichen Arbeitsplattform mit der konsistenten Bereitstellung aller Entwicklungsdaten und die Integration aller gestaltungsrelevanten Informationsflüsse. Diese Forderungen können mit den üblichen Arbeitsmitteln der Konstruktion nur unzureichend erfüllt werden und machen ein rechnerbasiertes, integriertes Konstruktionssystem notwendig.

4.2.2 Das Konzept des Objektmodells

Um die Arbeit verschiedener Experten eines Entwicklungsteams zu integrieren, ist eine Darstellungs- und Vorgehensweise zu entwickeln, die den unterschiedlichen Entwicklungsaufgaben bei der Realisierung eines Automatisierungssystems gerecht wird. Das erzeugte Modell und die angewandte Methodik müssen also auf mechanische, elektrische und softwaretechnische Fragestellungen anwendbar sein. Dabei muß die inhärente Komplexität des Automatisierungssystems bewältigt werden. Ein direktes Erfassen des Gesamtsystems übersteigt jedoch die menschlichen intellektuellen Fähigkeiten. Mit den folgenden Kriterien zur Abstraktion eines komplexen Systems kann jedoch ein Anlagenmodell aufgebaut werden [SIM82]:

o   Organisation in hierarchisch geordneten Teilsystemen, die ihrerseits wieder aus hierarchischen Teilsystemen aufgebaut sein können.

o   Die Wahl der nicht weiter zerlegbaren Basiselemente eines Systems ist willkürlich und hängt vom Betrachter des Systems ab.

o   Die Beziehungen innerhalb eines Teilsystems sind im allgemeinen stärker als die Verbindungen zwischen den Teilsystemen. Deshalb kann ein Teilsystem relativ isoliert betrachtet werden.

o   Hierarchische Systeme sind aus unterschiedlichen Teilsystemen aufgebaut, die in unterschiedlichen Kombinationen und Anordnungen auftreten.

o   Ein funktionierendes, komplexes System evolviert von einem einfachen, funktionierenden System. Das heißt, ein komplexes System wird über Zwischenstufen aus einem einfachen System zur Funktionsfähigkeit entwickelt.

Entscheidend für den Gestaltungsprozeß ist die Identifikation von Teilsystemen, die auch Dekomposition genannt wird. Betrachtet man die Vorgehensweise in der mechanischen und elektrischen Konstruktion, so teilt der Konstrukteur auf der Grundlage seines Erfahrungswissens und entsprechend der Strukturierung bereits erstellter Anlagen die Gesamtaufgabe in Teilprobleme auf, aus denen wieder hierarchisch weiter untergliederte und verfeinerte Teilprobleme gebildet werden. Der Gestaltungsprozeß vollzieht sich nun auf mehreren Abstraktionsebenen praktisch gleichzeitig. Für die Erfüllung einer konstruktiven Funktion werden verschiedene Bauteile entworfen und ihre Interaktion festgelegt. Oft erfolgt diese Festlegung durch implizite Informationen, die sich auf Grund eines allen Beteiligten bekannten Informations- und Erfahrungshintergrunds ergeben. Eine transparente, durchgängige Dokumentation erfordert jedoch die explizite Informationserfassung auf der Grundlage eines eindeutig festgelegten, möglichst begrenzten, impliziten Interpretationshintergrunds.

Durch einen interaktiven Prozeß werden die Bauteile und ihre funktionale Interaktion so lange angepaßt, verändert und abgestimmt, bis alle Teilfunktionen und Randbedingungen aus der Sicht des Konstrukteurs erfüllt sind. In diesem Prozeß erfolgt die Reintegration der dekomponierten Teilfunktionen ebenfalls schrittweise zu einer funktionsfähigen Gesamtlösung.

Der Methodik des Konstruierens stehen auf der Seite der Softwareentwicklung fünf verschiedene Paradigmen der Programmierung [DUD88] entgegen: prozedural, objektorientiert, prädikativ, funktional und applikativ. Das objektorientierte Paradigma korrespondiert direkt in der Beschreibung und Vorgehensweise mit dem oben dargestellten Gestaltungsprozeß der Mechanik und Elektrik. Deshalb läßt sich auf der Grundlage eines konzeptuellen Objektmodells eine integrierte Beschreibung für ein Automatisierungssystem entwickeln. Die auf dem Objektmodell basierende Methode der objektorientierten Gestaltung ermöglicht die Synthese des systematischen Konstruierens der Mechanik und Elektrik von Sondermaschinen und der objektorientierten Entwicklung von Steuerungssoftware.

Das <u>Objektmodell</u> [BOO91] umfaßt die Prinzipien Abstraktion, Kapselung, Modularität, Hierarchie, Typisierung, Gleichzeitigkeit und Erhaltung (Bild 4.5). Wesentliche Charakteristika, die ein Objekt vom anderen unterscheiden, werden durch <u>Abstraktion</u> erfaßt und bilden konzeptionelle Grenzen des Objekts bezüglich der Perspektive des Konstrukteurs. Durch <u>Kapselung</u> bleiben alle Details eines Objekts unsichtbar, die nicht zu seinen wesentlichen Charakteristika beitragen. <u>Modularität</u> wird erreicht durch die Dekomposition eines Gesamtsystems in eine Reihe von untereinander verbundenen, lose gekoppelten Elementen. Die Rangfolge der Abstraktionsebenen der Dekomposition bildet eine <u>Hierarchie</u>. Zur <u>Typisierung</u> werden Objekte in eine Klasse geordnet, die alle eine bestimmte Ausprägung von Wesensmerkmalen aufweisen. Ein Objekt kann außerdem aktiv oder inaktiv sein, wobei durch <u>Gleichzeitigkeit</u> verschiedene Objekte zur selben Zeit den Status aktiv haben können. <u>Erhaltung</u> beschreibt die Eigenschaft eines Objekts, in Raum und Zeit zu existieren und zu überdauern.

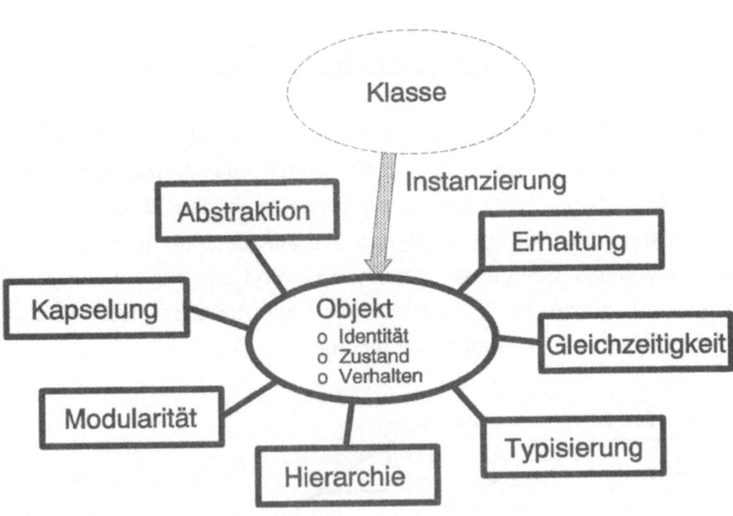

Bild 4.5: Das Objektmodell

Unter Anwendung dieser Prinzipien lassen sich weitere Eigenschaften des Objektmodells ableiten: Ein Objekt hat eine Identität, einen Zustand und ein Verhalten. Durch die Identität ist ein Objekt unverwechselbar und eindeutig zu erkennen. Der Zustand eines Objekts umfaßt alle (statischen) Eigenschaften und alle (dynamischen) Werte dieser Eigenschaften. Aktionen und Reaktionen in bezug auf Zustandsänderungen und Nachrichtenaustausch machen das Verhalten eines Objekts aus. Eine Beziehung zwischen zwei Objekten kann durch "benützen" oder "beinhalten" charakterisiert werden. Ist ein Objekt Teil eines übergeordneten Objekts, so wird es "beinhaltet", liegt es außerhalb des Objekts, wird es "benützt".

Die Struktur und das Verhalten ähnlicher Objekte wird durch ihre Klasse definiert. Jedes Objekt gehört dabei einer Klasse an. Klassenhierarchien werden durch Vererbung, Benutzung, Instanzierung und die Metaklassenbeziehung gebildet. Unter Vererbung versteht man die Übernahme der Struktur oder des Verhaltens einer Klasse (einfache Vererbung) oder mehrerer Klassen (multiple Vererbung) in eine andere Klasse. Bei der Beziehung "Benutzung" wird der Zugriff auf Objekte der benutzten Klasse ermöglicht. Eine Instanzierungsbeziehung definiert eine Klasse, die eine Sammlung von Objekten einer anderen Klasse beinhaltet. Metaklassen sind definiert als Klassen, deren instanzierte Objekte wiederum Klassen sind. Damit sind die prinzipiell möglichen Beziehungen definiert.

4.2.3   Der Prozeß der objektorientierten Modellierung

Das grundlegende Problem der objektorientierten Modellierung ist, zweckmäßige Klassen und Objekte zu finden. Unter Anwendung der Prinzipien des Objektmodells vollzieht sich die Modellierung schrittweise in den Phasen Zieldefinition, Analyse, Gestaltung, Prüfung, Fertigung und Nutzung, die jedoch ohne scharfe Trennung ineinander übergehen können. Während des Modellierungsprozesses werden diese sequentiellen Teilschritte nach Bild 4.6 mehrmals und auf unterschiedlichen Abstraktionsebenen durchlaufen.

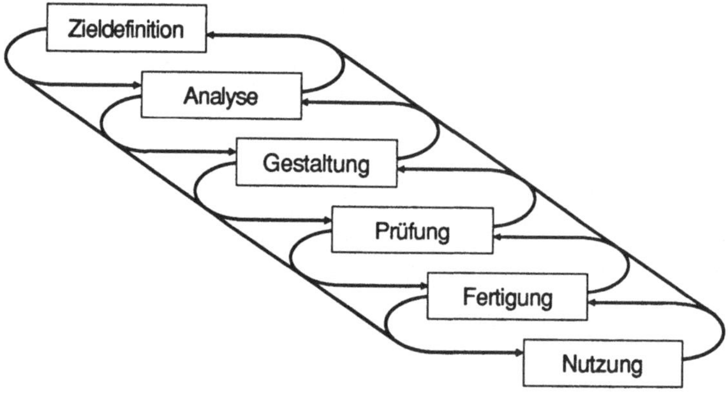

Bild 4.6: Vorgehensweise bei der objektorientierten Modellierung

4.2.3.1   Zieldefinition

Die Zieldefinition wird durch das Lastenheft eines Entwicklungsauftrags festgelegt und stellt im wesentlichen eine Eingangsinformation für den Modellierungsprozeß dar. Durch Rückwirkungen aus dem Gestaltungsprozeß kann eine Überarbeitung der gesetzten Zielforderungen notwendig werden.

4.2.3.2   Analyse

Eine Analyse der gestellten Aufgabe findet im wesentlichen in der Konzeptionsphase statt. Verschiedene Methoden können zur Untersuchung des Aufgabengebiets zum Einsatz kommen. Hier soll die objektorientierte Analyse näher betrachtet werden, da sie für den betrachteten Problembereich eine Beschreibung durch interagierende Objekte und Klassen liefert und eine Funktion immer in den direkten Zusammenhang mit den durch diese Funktion bearbeiteten Daten setzt. Deshalb führt die objektorientierte Analyse zu einer für die anschließende Phase der Gestaltung günstigen Beschreibungsform des Problemfeldes. Für die Untersuchung der Aufgabenstellung sind informale, sprachliche Beschreibungen und die strukturierte Systemanalyse ebenfalls geeignet.

In der objektorientierten Analyse werden Klassen und Objekte mit ihrem Verhalten identifiziert, die den Problembereich beschreiben. Diese Objekte können bei Bedarf aufgespalten und auf einer anderen Ebene durch weitere Objekte detaillierter abgebildet werden. Die einzelnen Montageaufgaben und -vorgänge können so Objekten zugeordnet werden. Durch Zusammenfassen, Gruppieren und weitere Detaillierung entstehen neue Objekte. Für die Aufgaben der Informationsverarbeitung und Steuerung kann diese Vorgehensweise analog angewandt werden. Bestehen beim Auftraggeber bereits manuelle oder automatisierte Montagesysteme, die der zu lösenden Montageaufgabe entsprechen oder ähnlich sind, so bietet ihre Abbildung mittels der objektorientierten Analyse einen guten Einstieg in die Konzeption des zu erstellenden Automatisierungssystems.

Die Ergebnisse der Analyse ergeben eine abstrakte Festlegung des Entwicklungsproblems, die dem Lastenheft entspricht. Für diese Problembeschreibung können neue und verschiedene Lösungskonzeptionen erarbeitet werden. Entscheidend bei dieser Vorgehensweise ist, während der Analyse festzuhalten, was gemacht wird, und nicht, wie es realisiert ist. Bei der Analyse geht es im wesentlichen um eine phänomenologische Abbildung des Problembereichs. Die Vorgehensweise bei der Erfassung, Definition und Beschreibung von Klassen und Objekten ist in der Analyse- und Gestaltungsphase gleich.

4.2.3.3 Gestaltung

In der Gestaltungsphase werden Klassen und Objekte entwickelt, die die in der Analysephase erstellte Modellbeschreibung umsetzen und deren Anforderungen erfüllen. Hierzu sind auf der Grundlage problemangepaßter Abstraktionen Mechanismen zu entwerfen, die das spezifizierte Verhalten realisieren, indem sie geeignete kausale Wirkzusammenhänge beschreiben. Damit wird festgelegt, wie

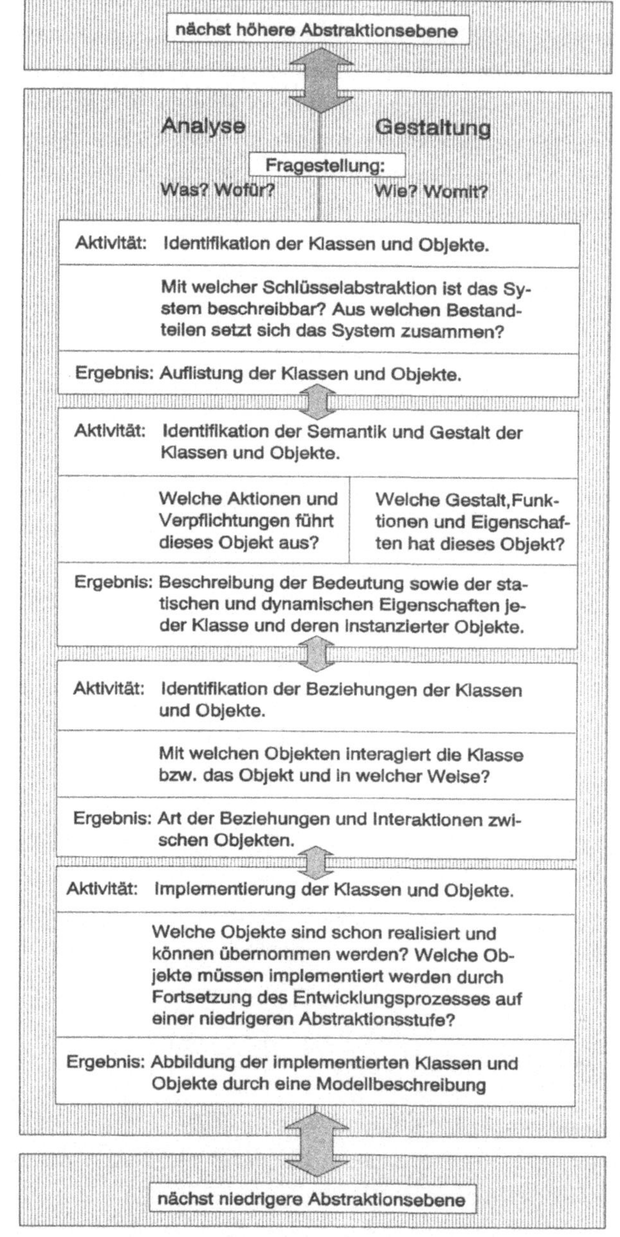

Bild 4.7: Vorgehensweise bei der objektorientierten Analyse und Gestaltung

die Montageaufgabe gelöst wird. Obwohl der Zweck der Analyse und der Gestaltung grundlegend verschieden sind, werden für beide die folgenden vier Schritte durch sukzessive Dekomposition auf unterschiedlichen Abstraktionsebenen so lange wiederholt, bis eine vollständige Beschreibung der Aufgabe für die Analyse bzw. der Problemlösung für die Gestaltung modelliert ist (Bild 4.7):

o   Identifikation der Klassen und Objekte der betrachteten Abstraktionsebene: entscheidend ist hierbei die Entdeckung zentraler Schlüsselabstraktionen und die Gestaltung von Mechanismen zur Problemlösung. Unter _Mechanismus_ ist hier allgemein das Zusammenwirken einer Gruppe von Objekten zu verstehen, zu dem Zweck, ein gewünschtes Verhalten zu erzielen.

o   Bestimmung der Semantik der identifizierten Klassen und Objekte: für die Bestimmung der Bedeutung einer Klasse ist es wichtig, sie aus der Perspektive eines externen Beobachters nur über ihre Schnittstellen zu sehen. Funktion, Eigenschaft und Gestalt zur Erfüllung des geforderten Zwecks eines Objekts werden erarbeitet.

o   Festlegung der Beziehungen zwischen den Klassen und Objekten: In diesem Schritt wird festgelegt, wie Objekte im System interagieren in bezug auf ihre statische und dynamische Semantik von Schlüsselabstraktionen und Mechanismen.

o   Implementierung der Klassen und Objekte.

Für jedes Objekt ist die in diesem Entwicklungsprozeß entstehende Spezifikation festzuhalten, entweder auf einer Karteikarte bei manueller Erfassung oder über eine entsprechende Eingabemaske bei rechnergestützter Konzeptions- und Entwurfsbearbeitung. Die Implementierung der Objekte erfolgt mit Hilfe spezialisierter Modellierungswerkzeuge für die Mechanik, die Elektrik und für die Software.

Die Festlegung von Klassen wird durch die Tatsache erschwert, daß eine Reihe von Objekten auf unterschiedliche, der Problemstellung zunächst gleichermaßen angemessene Weise klassifiziert werden kann. Zur Klassenfindung sind jedoch folgende Ansätze hilfreich:

o   Klassifikation nach Eigenschaften (klassische Kategorisierung): Objekte, die bestimmte Eigenschaften besitzen, werden einer Klasse zugeordnet, die durch genau diese Eigenschaften definiert ist. Beispiel:

Taster; Definitionseigenschaft: Ein Schalter, der eine elektrische Signaländerung so lange bewirkt, wie er betätigt wird.

o   Klassifikation nach Konzepten (konzeptionelle Gruppenbildung): Objekte, die einem (abstrakten) Konzept entsprechen, werden zu einer Klasse zusammengefaßt. Beispiel: Fügevorrichtung; definierendes Konzept: Fügen. Mechanismus, dessen Betätigung die Verbindung von zwei oder mehreren Einzelteilen herbeiführt.

o   Klassifikation durch Assoziation mit einem Prototyp (Prototypentheorie): Objekte, die in gewissen Beziehungen einem Vorbild entsprechen, werden einer Klasse zugeordnet, ohne daß sich bestimmte Eigenschaften bei allen Objekten finden lassen. Beispiel: Qualitätssicherungssystem; Definition: Ein System, das zur Überprüfung von Produkten in der Fertigung dient und deren anforderungskonformen Zustand überwacht und regelt. Anmerkung: Diese Klasse orientiert sich am Zweck "Qualität sichern" ohne Festlegung einer Ausprägung oder Implementierung.

Neben der Bildung von Klassen müssen Mechanismen entwickelt werden, die eine definierte Funktion ausführen. Für diese Aufgabe müssen entsprechend dem Anwendungsbereich Interaktionen von Objekten festgelegt und gestaltet werden. In den folgenden Ausführungen werden diese Ingenieurstätigkeiten nach den einzelnen Bereichen näher untersucht.

4.2.3.4   Prüfung

Gestaltung und Prüfung des Modells eines Automatisierungssystems sind sehr eng miteinander verbunden. Schon während des Gestaltungsprozesses geschieht durch die ständige Abstimmung des Anlagenmodells mit den festgelegten Anforderungen ein wesentlicher Teil der Prüfung der Konstruktion. Dennoch ist eine explizite Prüfung von Teilmodellen und letztlich vom Gesamtmodell wichtig für den effizienten Erstellungsprozeß eines Automatisierungssystems.

Während der Gestaltungsphase und vor Beginn der Fertigung lassen sich Änderungen, Optimierungen und Anpassungen des geplanten Automatisierungssystems mit geringem Aufwand durchführen. Zur Vermeidung hoher zusätzlicher Kosten durch spätere Änderungen sind die Funktionsfähigkeit und die Erfüllung der gestellten Anforderungen möglichst vor Beginn der Fertigung zu verifizieren.

Das zentrale Problem der dafür erforderlichen Prüfungen ist es, der Komplexität einer Produktionsanlage gerecht zu werden, die spezielle technische Lösungen beinhaltet.

Da ein komplexes System immer aus einem einfacheren funktionsfähigen System hervorgeht, sind deshalb zuerst überschaubare Teilsysteme zu testen, deren Schnittstellen klar definiert und einfach manipuliert werden können. Schrittweise, mit der Integration verschiedener Teilsysteme, werden die Prüfbereiche umfangreicher bis zum Test des Gesamtsystems. Die Vorgehensweise bei der Prüfung des Anlagenmodells hängt vom Anwendungsbereich ab und wird deshalb später bei den Ausführungen zu den Konstruktionsteilprozessen näher erläutert. Grundsätzlich kann jedoch zwischen verschiedenen Prüfungsarten differenziert werden.

Eine naheliegende und einfache Art der Prüfung ist die Kontrolle der Dokumentation des Anlagenmodells durch einen Konstrukteur auf der Grundlage der festgelegten Anforderungen und seines Fach- und Erfahrungswissens. Die Qualität des Prüfergebnisses ist dabei sehr stark von der Qualifikation des Konstrukteurs und von der Zugänglichkeit der Konstruktionsinformationen des Anlagenmodells abhängig.

Zur Verbesserung der Prüfqualität trägt ein Funktionsmodell der Anlage bei. Das Funktionsmodell beinhaltet alle für die geforderte Funktionalität notwendigen Eigenschaften und Festlegungen. Da beim Objektmodell Daten und Funktionen eine Einheit bilden, indem sie in einem Objekt zusammengefaßt werden, sind Prüfungen des Objektmodells einer Anlage einfach durchzuführen und durch Prüfungsmechanismen oder Simulation zu unterstützen. Die hierarchische Gliederung in Objekte macht die Kontrolle und das Testen von Teilsystemen unterschiedlicher Größe möglich. Besondere Bedeutung kommt der bereichsübergreifenden Prüfung des Anlagenmodells zu, bei der die Abstimmung mechanischer, elektrischer und softwaretechnischer Eigenschaften ermöglicht wird. Die Problematik der Inbetriebnahme wird bereits zu einem frühen Zeitpunkt vorweggenommen, indem das Automatisierungssystem aus einer integrierten Sicht bewertet und geprüft wird.

4.2.3.5 Fertigung, Inbetriebnahme und Nutzung

Aus der Sicht einer effizienten Gestaltung des Konstruktionsprozesses ist hauptsächlich die Generierung und konsistente Darstellung der Unterlagen für die Fertigung des Automatisierungssystems relevant. Die termingerechte Bereitstellung
von Kaufteilen und die Steuerung und Kapazitätsplanung in Fertigung und Montage sind für eine kostengünstige, durchlaufzeitoptimierte Herstellung einer Produktionsanlage sehr wichtig. Dies soll hier jedoch nicht weiter ausgeführt werden.

Fertigungsbedingte Änderungen oder Abweichungen der ausgeführten Anlage
im Vergleich zu den Konstruktionsunterlagen müssen in das Anlagenmodell mit
aufgenommen werden. Dieser Informationsrückfluß aus der Fertigung zu den
Konstruktionsbereichen ist für die konsistente Dokumentation der Anlage Voraussetzung. Für die Inbetriebnahme trifft dies in gleicher Weise zu. Hier werden
oft umfangreiche Änderungen und Anpassungsarbeiten durchgeführt. Durch
systematische Prüfung des Anlagenmodells und den Rückfluß der Erfahrungen
aus der Inbetriebnahme in die Konstruktionsbereiche läßt sich der Inbetriebnah-
meaufwand reduzieren. Bei der Untersuchung der Softwareentwicklung wird
hierauf noch ausführlicher eingegangen. Während der Nutzung einer Fertigungsanlage ist der Zugriff auf gültige und aktuelle Konstruktionsdaten bei Reparatur-
arbeiten oder für die Optimierung der Produktionsabläufe notwendig.

4.3 Gestaltung der Mechanik als Teilprozeß der Anlagenentwicklung

Ausgehend von der Anforderungsdefinition der Produktionsanlage wurden bei
der moderierten Konzeption die Konstruktionsaufgabe strukturiert und technische Prinziplösungen festgelegt. Die dabei spezifizierten Objekte mit ihren Eigenschaften müssen nun weiter detailliert werden. Dabei werden Mechanismen gestaltet, die die Füge- und Prüfaufgaben des Montageprozesses erfüllen. Es ist
dabei von Vorteil, wenn die Ausführung und Dokumentation einer konstruktiven
Idee möglichst direkt mit geringen Abstraktionen umgesetzt werden kann, da
dies den gestalterischen Vorgang vereinfacht und die Konzentration des Gestal-
ters sich ungeteilt auf den Gestaltungszweck richten kann.

Auf das Arbeitsfeld des Konstrukteurs der Mechanik angewandt, bedeutet dies,
daß mechanische Bauteile direkt nach der Gestaltungsvorstellung des Konstruk-

teurs "gefertigt" bzw. abgebildet werden können. Ein Bauteil kann dabei aus einem Grundkörper durch geometrische Modellierungsfunktionen und Maßangaben geformt werden. Dies geschieht in einem interaktiven und iterativen Prozeß mit Funktionen wie Summe, Subtraktion oder Schnittmengenbildung von geometrischen Körpern und Abtrennen mit Schnittflächen. Im Gegensatz dazu muß bei der konventionellen Zeichnungsarbeit die geometrische Formgebung in einem Schritt vollständig entwickelt und dann auf die verschiedenen Ansichtsebenen einer Zeichnung projiziert werden. Der schwierige Abstraktionsvorgang der Projektion auf die Zeichnungsebene trägt dabei nicht zum eigentlichen Gestaltungszweck bei, sondern ist aus rein dokumentationstechnischen Gründen erforderlich.

Im weiteren Verlauf des Gestaltungsprozesses muß aus mehreren Bauteilen ein Mechanismus gebildet werden. Einzelteile werden hierbei relativ zueinander positioniert und zu Baugruppen zusammengefaßt. Dabei sind gleichzeitig die geforderten Funktionseigenschaften zu überprüfen. Bewegte Teile und Baugruppen müssen z. B. auf Kollision mit ihrer Umgebung getestet werden. Für diese Konstruktionsaufgaben müssen Teile und Baugruppen einfach interaktiv positioniert und auf gegenseitige Durchdringung abgefragt werden können. Diese mechanische Modellierungsfunktionen sind für den objektorientierten Gestaltungsprozeß Voraussetzung und werden von modernen, volumenmodellierenden CAD-Systemen zur Verfügung gestellt. Im Rahmen dieser Arbeit wurde die in einem Objekt vorliegende geometrische Abbildung eines Bauteils um eine Funktionsbeschreibung erweitert und die erforderlichen Modellierungsfunktionen zur Festlegung der Funktionalität eines Objekts entwickelt.

Zur Abbildung von Füge- und Transportprozessen ist der geometrischen Beschreibung eines Objekts eine Bewegungsdefinition zuzuordnen. Unter der Voraussetzung, daß die Bewegungsparameter wie Geschwindigkeit und Beschleunigung unter Referenzierung des betreffenden Körpers festgehalten werden, lassen sich wesentliche technologische Informationen in Verbindung mit der Geometrie- und Lagedefinition erfassen.

Um die Bewegungsbahn eines Körpers festzulegen, kann für translatorische Bewegungen die Anfangs- und Endposition festgehalten werden. Bei rotatorischen Bewegungen ist zusätzlich die Angabe der Drehachse erforderlich. Mit der Einführung einer lokalen Koordinate u läßt sich mit dem Vektor der Ursprungslage und dem Vektor der Endlage jede mögliche Position des bewegten Bauteils be-

stimmen. Die Lagevektoren setzen sich aus den kartesischen Positionskoordina-
ten x,y,z und den Rotationswinkeln bezüglich der Koordinatensystemachsen
α,β,γ, die die Orientierung des bewegten Körpers angeben, zusammen. Für die
translatorische Bewegung erhält man den Bewegungsvektor S aus den Endstellungen A und E (Bild 4.8):

$$S = E - A.$$

Durch die Gleichung

$$P(u) = A + u\,S, \qquad u \in \{0,1\}$$

sind mögliche Positionen des Körpers definiert. Damit kann ein Bauteil entlang
seiner geradlinigen Bahn geführt werden, indem die lokale Koordinate u zwischen 0 und 1 variiert wird.

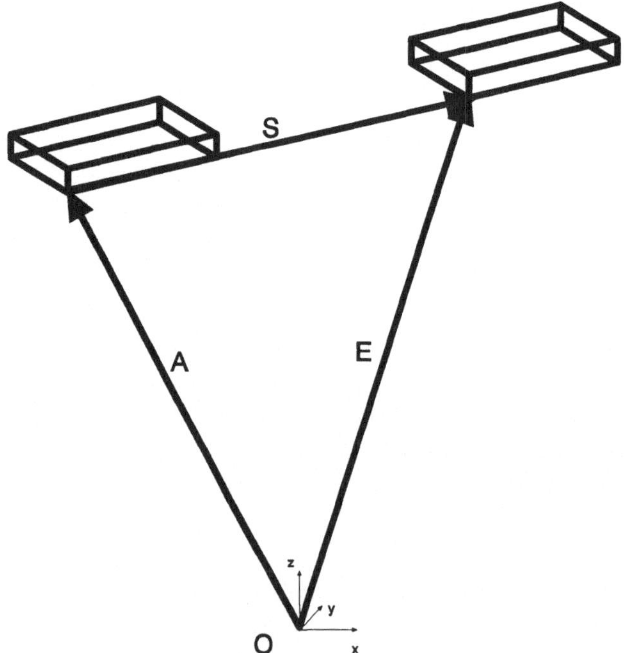

Bild 4.8: Bahndefinition eines Körpers auf einer Geraden

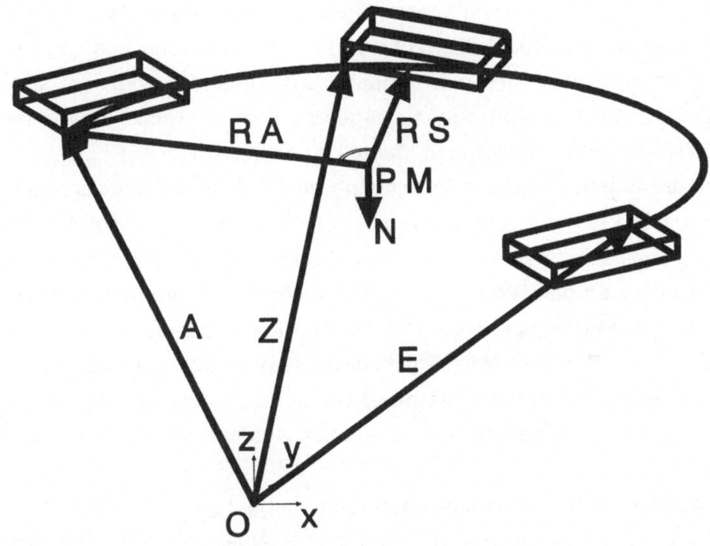

Bild 4.9:   Bahndefinition eines Körpers auf einem Kreis

Für rotatorische Bewegungen läßt sich mit dem Mittelpunkt PM und den Rotationsvektoren RA und RS die Parameterdarstellung der Kreisbahn zu

$$P(u) = PM + RA \cos u\delta + RS \sin u\delta$$

bestimmen (Bild 4.9). Die Ermittlung der Vektoren PM, RA und RS wird im Anhang ausgeführt.

Neben der geometrischen Abbildung von Bauteilen ist die Modellierung bzw. Darstellung von Wirkbereichen für die Erstellung eines Anlagenmodells entscheidend. Unter Wirkbereichen sind hier der Lichtstrahl einer Lichtschranke, der Schaltbereich eines Näherungsschalters, der Kommunikationsbereich einer Schreib-Lese-Einheit eines mobilen Datenträgersystems usw. zu verstehen. Diesen Bereichen zugeordnete Geometriedefinitionen können im Normalfall unsichtbar bleiben, müssen bei Bedarf, z. B. für ihre Gestaltung oder Veränderung, jedoch angezeigt werden. Damit modellierte positionsabhängige Sensor- und Wirkfunktionen werden durch Kollisionsabfragen zusätzlich in ihrer funktionstechnischen Bedeutung ausgewertet.

Mit diesen Gestaltungsfunktionen für die Mechanik werden alle wesentlichen geometrischen und kinematischen Eigenschaften eines Bauteils festgelegt. Darüber hinaus ist es für Prüfzwecke und zur Modellierung von Greiffunktionen hilfreich, Bauteile oder -gruppen temporär zusammenzufassen, um sie in einem Arbeitsschritt positionieren oder bewegen zu können. Hierzu muß eine Verbindung zwischen den betroffenen Bauteilen definiert werden, die sie zu einer Gruppe zusammenfaßt. Diese Verbindung muß bei Bedarf aktiviert oder zurückgesetzt werden können. Ein Werkstückträger und das dazugehörige Werkstück sind so gemeinsam manipulierbar, das Werkstück als selbständiges Teil kann jedoch wieder von dem Werkstückträger "gelöst" und getrennt plaziert werden. Damit ist ein Montageprozeß, vom Konstrukteur gesteuert und kontrolliert, nachvollziehbar. Der gestaltete Mechanismus wird nicht nur wie auf einer Konstruktionszeichnung statisch festgehalten, sondern Aspekte des dynamischen Ablaufverhaltens sind bereits im Konstruktionsstadium am Modell durchführbar.

Neben der Festlegung und Dokumentation fertigungsrelevanter Daten im herkömmlichen Konstruktionsprozeß entsteht ein Anlagenmodell, das zugleich die funktionalen Eigenschaften der Konstruktion abbildet und festhält. Die beschriebenen mechanischen Gestaltungsfunktionen können durch ein volumenorientiertes CAD-System zur Verfügung gestellt werden, das Bauteile als Objektmodelle verwaltet und das im Bild 4.10 dargestellte konzeptionelle Partialmodell implementiert.

In diesem Partialmodell werden die vorgestellten Gestaltungsabläufe festgehalten. Ein modellierter Volumenkörper kann als prototypisches Objekt einer Klasse in einer Bibliothek abgelegt werden. Von dort kann eine Instanzierung dieses Körpertyps erzeugt und mit anderen Volumenkörpern zu einer neuen Geometriedefinition zusammengefaßt werden. Damit werden Baugruppen hierarchisch geschachtelt aufgebaut und zu Moduleinheiten zusammengefaßt. Definierende Eigenschaften eines Körpers oder einer Baugruppe, wie die Geometrie, sind nur durch Umgestaltung des hinterlegten, klassendefinierenden Musterkörpers veränderbar. Diese charakteristischen Daten sind also gekapselt. Technologische Informationen, die einem Körper zugeordnet sind, werden durch Verwendung abstrakter Datentypen eindeutig und sicher interpretiert. Datenzugriffe über die Schnittstelle eines Objekts werden deshalb überprüfbar. Damit sind die Charakteristika des Objektmodells für die Darstellung mechanischer Körper und ihrer Eigenschaften aufgezeigt.

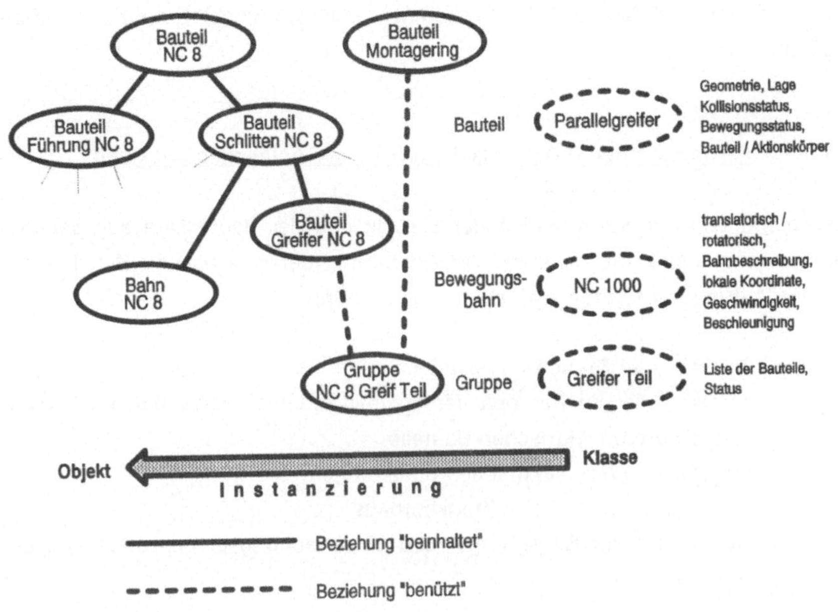

Bild 4.10: Partialmodell für die mechanische Gestaltung

Die Selektion eines Körpers aus der Bibliothek entspricht der Instanzierung eines Objekts der durch den hinterlegten Körper definierten Klasse. Teilkonstruktionen und Module sind dadurch in beliebige Projekte zu übernehmen. Gleichzeitig wird die Bildung von Standardmodulen begünstigt, die für häufig vorkommende Funktionen einsetzbar sind. Der Einsatz von Baukastensystemen, wie sie beim Bau von Montageanlagen verbreitet sind, wird unterstützt und macht die mechanische Konstruktion weitgehend zu einer Konfigurationsaufgabe, in der die in der Bibliothek hinterlegten Elemente eines Baukastensystems zu einer konstruktiven Lösung kombiniert werden. Zulieferteile, wie Antriebe oder Sensoren, sind ebenfalls in der Bibliothek zu hinterlegen und können durch den Konstrukteur selektiert und plaziert werden. Eine grobe Modellierung von Kaufteilen ist dabei völlig ausreichend, da nur die Lage ihrer Montage festzulegen ist.

Elektrische Bauteile sind im Anlagenmodell einfach zu identifizieren und sind eindeutig und vollständig für die Weiterverarbeitung durch den elektrischen Konstrukteur dokumentiert. Die Schnittstelle zwischen Mechanik und Elektrik ist

deshalb leicht in bezug auf die Konsistenz der Gestaltungsinformationen überprüfbar.

4.4 Gestaltung der Elektrik als Teilprozeß der Anlagenentwicklung

Ausgehend von der Spezifikation der Elektrik und der Bauteilliste aus der mechanischen Konstruktion sind bei der Gestaltung der elektrischen Schaltungen
und Einrichtungen folgende Aufgaben auszuführen:

o   Auswahl der Steuerungsrechner
o   Auswahl der im Rahmen der mechanischen Konstruktion noch nicht
    festgelegten, elektrischen Bauteile
o   Entwicklung der elektrischen Schaltungen
o   Gestaltung des Schaltschrankaufbaus
o   Gestaltung der Bedienungs- und Überwachungseinrichtungen an der
    Anlage

Schon zu einem sehr frühen Zeitpunkt in der Konzeptionsphase ist die Rechnerarchitektur und die Art der verwendeten Steuerungsrechner festzulegen. Hierbei
müssen mechanische, elektrische und softwaretechnische Belange sorgfältig
betrachtet werden. Deshalb ist diese Festlegung während der moderierten Erarbeitung des Konzepts eines Produktionssystems zu treffen. Die weitreichenden
Folgen der Rechnerauswahl für die Effizienz der Softwareentwicklung wurden
schon im Analyseteil (siehe Kapitel 3.5.2) ausgeführt. Aufgabe der elektrischen
Konstruktion ist die detaillierte Planung der Rechnerarchitektur, bei der die einzelnen Komponenten der modularen Steuerungsrechner ausgewählt werden.
Wie alle elektrischen Bauteile, die in einem Schaltplan verwendet werden,
müssen sie zuerst mit ihren wesentlichen Eigenschaften modelliert werden.

Entsprechend der Vorgehensweise der mechanischen Konstruktion wird ein Modell zur elektrischen Bauteilbeschreibung in einer Bibliothek abgelegt, das auf
dem konzeptionellen Modell nach Bild 4.11 aufgebaut ist. Ein Bauteil ist aus einem oder mehreren Symbolen aufgebaut, die wiederum einen oder mehrere Anschlüsse besitzen. Zu einem Bauteil werden außerdem die elektrischen Eigenschaften und Kenngrößen erfaßt. Besteht es aus mehreren Teileinheiten, wie
z. B. ein Schütz aus Spule und Arbeitskontakten, so wird jede Teileinheit durch
ein Symbol repräsentiert. Damit ist die verteilte Darstellung eines Bauteils auf

Schaltplänen möglich. Mit automatisch generierten Querverweisen zwischen den Symbolen können alle Bauteileinheiten auf den Schaltplänen schnell aufgefunden werden. Die rechnerintern abgebildeten Querverweise erlauben außerdem die Verschaltung der Symbole einfach zu überprüfen.

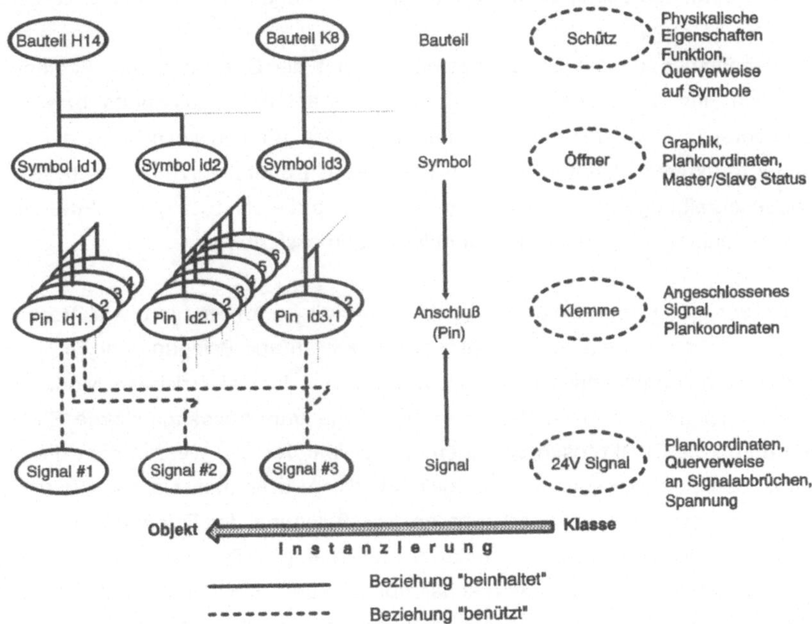

Bild 4.11: Partialmodell eines Bauteils für die elektrische Gestaltung

Die Verbindung eines Signals mit einem Symbol wird über einen Anschluß hergestellt. Er ist deshalb Teil des Symbols, und das Signal benützt diesen Anschluß. Für die Festlegung der elektrischen Schaltungen werden die Symbole der ausgewählten Bauteile auf dem Plan plaziert und über die Anschlüsse durch Signale verbunden. Ähnlich wie bei der Mechanik liegt der Schwerpunkt des Konstruierens in einer bauteilorientierten Konfigurierung von Schaltungen, in der Funktionen durch elektrische Signalverbindungen zwischen den zuvor selektierten Bauteilen realisiert werden.

Entsprechend bilden die in einer Datenbank hinterlegten Beschreibungen der Bauteile und Symbole Klassen, von denen bei der Selektion durch den Konstrukteur eine Instanzierung gebildet wird. Die Signale werden in einer Klasse zusammengefaßt. Eine Instanzierung dieser Klasse wird durch die Festlegung einer elektrischen Verbindung auf dem Schaltplan erzeugt. Zu den wesentlichen Eigenschaften eines Signals gehört sein elektrisches Potential. Wird ein Signal nur digital interpretiert, so wird sein Zustand entweder durch das Betriebspotential oder das Ruhepotential beschrieben. Der Zustand des Signals kann abhängig von den Zuständen der Bauteile, mit denen es verbunden ist, bestimmt werden.

Nach der Festlegung der Schaltungslogik erfolgt die Gestaltung der Bedieneinrichtungen und des Schaltschranks. Die Auswahl des Bedienpults bzw. des Schaltschranks bestimmt die Rahmenbedingungen für den anschließenden graphisch-interaktiven Editiervorgang, in dem die den Bauteilen zugeordneten Geometriebeschreibungen plaziert werden. Dabei sind die elektrischen und mechanischen Anschlußbedingungen der Bauteile zu berücksichtigen.

Für die Fertigung und Dokumentation erforderliche Unterlagen wie Verdrahtungspläne, Klemmenpläne, Signallisten, Stücklisten und Belegung der Eingangs- und Ausgangsmodule der Steuerung werden aus dem elektrischen Modell der Anlage abgeleitet. Bauteile, Klemmen, Eingänge und Ausgänge sowie Signale liegen durch die Objektbeschreibungen unmittelbar vor und werden über die entsprechenden Selektionsattribute aufgelistet. Deshalb können sie ohne weiteren Aufwand automatisch generiert werden. Die Belegung der Eingangs- und Ausgangskarten der Steuerung mit binären und analogen Prozeßsignalen definiert eine Schnittstelle zwischen elektrischer Konstruktion und Softwareentwicklung. Da beide Entwicklungsbereiche auf diese Daten zurückgreifen, sind die konsistente Verwaltung und integrative Bearbeitung dieser Schnittstelle sicherzustellen. Eingänge und Ausgänge werden dazu als Klassen abgebildet, die jeweils die absoluten Adressen, die Symbolbezeichnungen und die Kommentartexte umfassen.

Durch den objektbasierten Aufbau haben Bauteile, Schaltpläne und Teilschaltungen eine anwendungsneutrale Beschreibung, die deshalb die direkte Vervielfältigung auf neue Anwendungen ermöglicht. Mit Standardschaltungen, wie z. B. zur Spannungsversorgung einer Steuerung, können elektrische Schaltungen schnell und effizient aufgebaut und dann ergänzt werden. Für Test- und Prüfzwecke ist die Schaltungslogik durch den objektbasierten Aufbau leicht auszuwerten. Durch die Verfolgung von Signalen sind Kurzschlüsse festzustellen und Schaltzustände zu überprüfen.

Die Gestaltung der pneumatischen und hydraulischen Einrichtungen ist eine Teilaufgabe der mechanischen Konstruktion und findet deshalb vor der Festlegung
der elektrischen Schaltungen statt. Für die Beschreibung pneumatischer und hy-
draulischer Bauteile und Schaltungen kann jedoch auf das Partialmodell der
elektrischen Gestaltung zurückgegriffen werden. Pneumatische oder hydrauli-
sche Antriebs- und Stellelemente sind wie elektrische Bauteile zu modellieren.
Den elektrischen Signalen entsprechen die Leitungsverbindungen zwischen den
Bauteilen. Für die Erstellung und Auswertung der Pneumatik- und
Hydraulikpläne kann deshalb dasselbe Softwaresystem eingesetzt werden wie
für die elektrischen Gestaltungsaufgaben.

4.5 Softwareentwicklung als Teilprozeß der Anlagenentwicklung

4.5.1 Das Sprachkonzept

Für die Umsetzung des Objektmodells in der Softwareentwicklung ist ein
Sprachkonzept zu wählen, das die objektorientierte Gestaltung unterstützt und
den besonderen Anforderungen von speicherprogrammierbaren Steuerungen gerecht wird. Unter der Voraussetzung, daß sich Einzelteilen oder Baugruppen
Steuerungssoftware zuordnen läßt, ergibt sich die Integration von Steuerungslogik und Maschinenprozeß. Dazu muß ein Softwareobjekt mit dem Objekt eines
Bauteils in Verbindung gesetzt werden und allgemeingültig für dieses Bauteil
sein. Über eine Schnittstelle kann das Softwareobjekt mit anderen Softwareobjekten kommunizieren, um Mechanismen und Programme aufzubauen. Damit
lassen sich Softwareobjekte mit ihren übergeordneten Bauteilobjekten archivie-
ren und bei Bedarf in ein Steuerungsprogramm übernehmen. Ein wesentlicher
Teil des Steuerungsprogramms einer Anlage ist bei der Verwendung vordefinier-
ter Einzelteile und Baugruppen somit schon vorhanden, und nur die übergeordneten Softwareobjekte müssen neu entwickelt werden.

Es ist naheliegend, das Sprachkonzept der IEC-Norm 1131/3 (IEC-Norm) für die
Softwareentwicklung zugrunde zu legen, da es umfassende Sprachmittel zur
Formulierung steuerungsspezifischer Aufgaben zur Verfügung stellt und die Eigenschaften des Objektmodells unterstützt. In der bisher unveröffentlichten,
überarbeiteten Version [IEC91] wurden die objektorientierten Sprachmittel durch
die Einführung der Elemente "CONFIGURATION", "RESOURCE" und
"VAR_ACCESS" erweitert, die Bild 4.12 beschreibt.

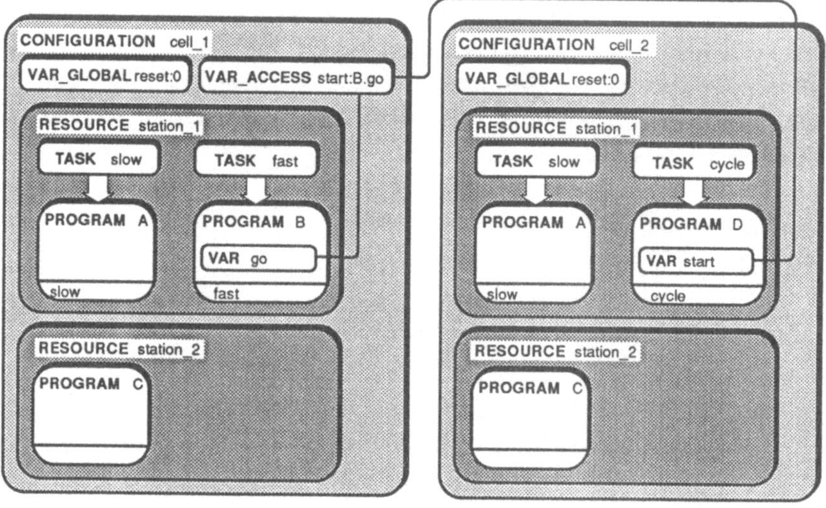

Bild 4.12: Elemente zur Softwarestrukturierung der IEC-Norm 1131/3

Programmorganisationseinheiten (PO-Einheiten) sichern die Kapselung von Daten nach außen und ermöglichen einen modularen, hierarchisch organisierten Programmaufbau. Typisierung wird durch die Bildung abstrakter Datentypen und die Überprüfung der konsistenten Verwendung der Datentypen unterstützt. Die gleichzeitige Bearbeitung mehrerer aktiver Objekte ist ein zentraler Zweck einer Steuerung und wird schon durch ihre prinzipielle Arbeitsweise gewährleistet. Dasselbe gilt für die Erhaltung, die auf Grund von Sicherheitsforderungen vorausgesetzt werden muß.

Mit der Implementierung eines Funktionsbausteins der IEC-Norm wird eine Klasse mit ihrem Verhalten und ihren Eigenschaften festgelegt. Eine Deklaration des Funktionsbausteins stellt die Instanzierung eines Objekts dieser Klasse dar, das über die Parameterliste bei einem Aufruf mit anderen Objekten Informationen austauschen kann. Implementierungen einer Task, einer Resource, eines Programms oder einer Konfiguration stellen ebenfalls Festlegungen von Klassen dar.

Die Eigenschaft der Vererbung wird von keiner Sprache der IEC-Norm unterstützt. Polymorphe Methoden sind deshalb nicht möglich. Zieht man die Sicherheitsanforderungen in Betracht, die an Steuerungsprogramme zu stellen sind, so werden die Vorteile deutlich, die sich aus dem Verzicht auf einen Vererbungsmechanismus ergeben. In der IEC-Norm müssen die Datenvariablen und Methoden, die in einem Funktionsbaustein verwendet werden, explizit deklariert werden. Dadurch wird das Verhalten eines Funktionsbausteins leichter nachvollziehbar und überprüfbar. Außerdem sind aufwendige Prüfungen der Datentypen einer Parameterliste zur Programmlaufzeit nicht erforderlich. Dies unterstützt die schnelle Programmausführung und damit die Echtzeitfähigkeit der Steuerung. Bei Steuerungsanwendungen von Produktionsanlagen überwiegen die Nachteile der Vererbung den Vorteil der einfacheren Abstraktion.

Wie die Programmiersprachen C++ und Object Pascal verbindet die IEC-Norm das prozedurorientierte Paradigma mit dem objektorientierten. Damit ist das Sprachkonzept der IEC-Norm als Grundlage der Softwareentwicklung im integrierten Konstruktionsprozeß geeignet. Darüber hinaus bietet die IEC-Norm einen Ansatz zur Erstellung herstellerunabhängiger Software, die nicht nur auf eine spezielle Steuerungsfamilie beschränkt einsetzbar ist.

Neben der Rechnerarchitektur und dem eingesetzten Sprachkonzept für eine Anlagensteuerung liefern die Anforderungsdefinition der Anlage und die mechanische und elektrische Konstruktion die weiteren Rahmenbedingungen für die Erstellung der Steuerungssoftware. Im einzelnen liegen also folgende Informationen vor:

- o Funktionsweise der Anlage, die aus der Anforderungsdefinition und dem Anlagenkonzept hervorgeht durch
    - spezifizierte Objekte aus der Anlagenkonzeption, die die Steuerungssoftware und -logik betreffen,
    - verbale Beschreibungen,
    - Funktionspläne,
    - Netzmodelle,
    - andere genormte Beschreibungen, wie Funktionsdiagramme, Programmablaufpläne,
- o mechanisches Anlagenmodell,

o   elektrisches Anlagenmodell, hier im besonderen die Ein-/Ausgangs-
schnittstelle, die direkt aus der Elektrokonstruktion übernommen werden kann,

o   Rahmenbedingungen der Steuerungshardware, wie Verarbeitungsgeschwindigkeit, Speichergröße,

o   Sprachkonzept für die Implementierung,

o   Testhilfen zur Überprüfung der Software.

In der Softwareentwicklung müssen nun die Klassen und Objekte identifiziert, entworfen und implementiert werden (Bild 4.13). Dabei werden Baugruppen, Sensoren, Aktoren und Bedienelementen entsprechende Softwareobjekte zugeordnet. Eine Klasse wird dann durch einen Funktionsbaustein oder eine Task implementiert. Methoden können auch als Funktionen mit abstrakten Datentypen realisiert werden. Abstrakte Steuergrößen, wie z. B. Betriebsarten oder eine Auftragsverwaltung der Steuerung, werden ebenfalls als Softwareobjekte abgebildet.

Eine allgemeingültige Beschreibung des Steuerungsalgorithmus eines Software-objekts ermöglicht der zustandsorientierte Entwurf, bei dem den einzelnen Zuständen Boolesche Variablen zugeordnet werden. Die Übergangsbedingungen zwischen den Zuständen werden durch Boolesche Gleichungen beschrieben, in denen diese Zustandsvariablen mit den Eingangszuständen der Sensorsignale verknüpft werden. Damit kann das Softwareobjekt einfach in einer Sprache der IEC-Norm implementiert werden, z. B. in IEC-Anweisungsliste. Die Ein- und Ausgangssignale sind über die Parameterschnittstelle des Objekts nach außen sichtbar. Die inneren Zustände bleiben außerhalb des Objekts jedoch verborgen.

Da sich die Befehlssätze der Sprachen der IEC-Norm an den verbreitet im Einsatz befindlichen SPS-Sprachen orientieren, ist der Übergang auf eine der Norm entsprechende Programmierung einfach durchzuführen. An die Stelle der Symbolliste tritt im Falle der Programmerstellung nach IEC-Norm die Variablendeklaration, die auch absolute Speicheradressierungen enthalten kann. Die Variablendeklarationen sind Teil der einzelnen Programmorganisations-Einheiten (PO-Einheiten). Durch das schon bisher verbreitete Konzept der Programmstrukturierung durch Bausteine ist die Verwendung der PO-Einheiten der IEC-Norm schon vorbereitet. Somit kann die Programmerstellung mit nur geringen Abweichungen in der für SPS-Anwender vertrauten Weise erfolgen.

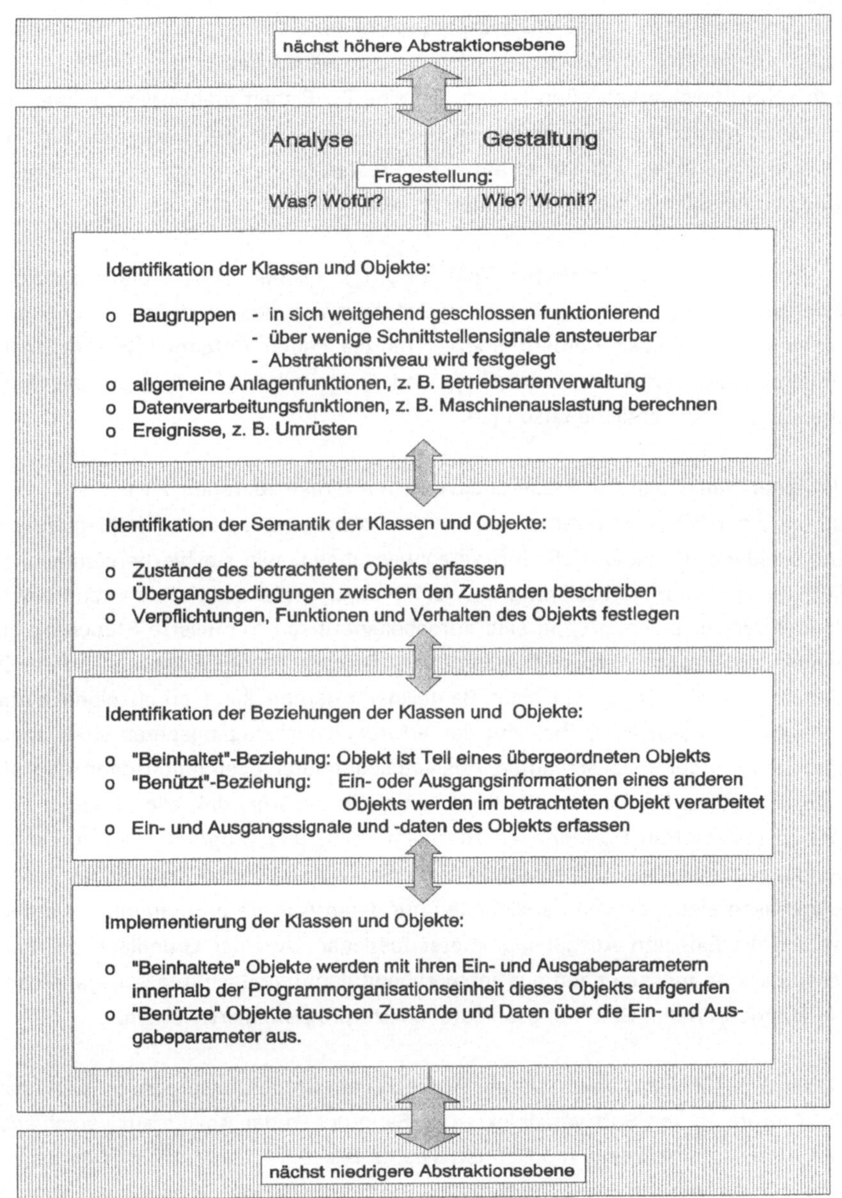

Bild 4.13: Vorgehensweise bei der objektorientierten Softwareentwicklung für SPS

Mit dem mächtigen Variablenkonzept und der objektbasierten Programmorganisation werden der Softwareentwicklung jedoch neue Möglichkeiten eröffnet, die sich schrittweise erschließen lassen. Da eine PO-Einheit wahlweise in einer der Sprachen der IEC-Norm zu implementieren ist, kann der Softwareentwickler die Sprachform wählen, mit der er am vertrautesten ist oder in der sich die Steuerungsaufgabe am leichtesten ausdrücken läßt.

In der Sprache Strukturierter Text (IEC-ST) können durch die mächtigen Befehlskonstrukte einer Hochsprache Datenverwaltungs- und Berechnungsaufgaben einfach gelöst werden. Speziell für die neuen Aufgaben von Anlagensteuerungen in der Datenverarbeitung und Kommunikation ermöglicht die Sprache IEC-ST übersichtliche Lösungen.

Um einer Baueinheit ihr Steuerungsverhalten direkt zuordnen zu können, muß sie mit einer PO-Einheit verbunden werden, die dieses Verhalten implementiert. Entscheidend ist dabei, daß Softwareanpassungen, wie sie bei herkömmlichen SPS mit absoluter Adressierung notwendig sind, entfallen. Dadurch kann einem Bauteil oder einer Baugruppe eine aufgabenspezifisch formulierte Steuerung allgemein zugeordnet werden. Die durch eine Deklaration der entsprechenden PO-Einheit erzeugte Steuerung einer Bauteilinstanzierung kann durch einen einfachen Aufruf dieser PO-Einheit mit den erforderlichen Eingangsparametern angesprochen werden. Die erzeugten Ausgangsparameter bestimmen dann den aktuellen Zustand der Baueinheit. Wird nun dafür gesorgt, daß alle in einem Programm deklarierten PO-Einheiten zu einem Steuerungsprogramm zusammengebunden werden, so müssen für in einer Softwarebibliothek hinterlegte Steuerungsbeschreibungen von Baueinheiten nur deren Aufrufe programmiert werden, welche die Ein- und Ausgabeparameter festlegen. Auf der Grundlage der Bauteilstücklisten müssen dann nur entsprechend dem gewünschten Anlagenprozeß die übergeordneten Steuerungsabläufe explizit programmiert werden.

Wesentlich für den objektbasierten Aufbau eines Steuerungsprogramms ist, daß die Zuordnung von Softwareobjekten zu Baugruppen der Anlage auf verschiedenen Abstraktionsniveaus möglich ist, wie es Bild 4.14 verdeutlicht. Das Objekt einer Bandsteuerung enthält deshalb die Software-Objekte der einzelnen Knoten, d. h. die Objekte zur Ansteuerung der Hubquereinheiten, Hubwendeeinheiten und Lifte werden innerhalb der Programmorganisationseinheit, die die Bandsteuerung implementiert, aufgerufen.

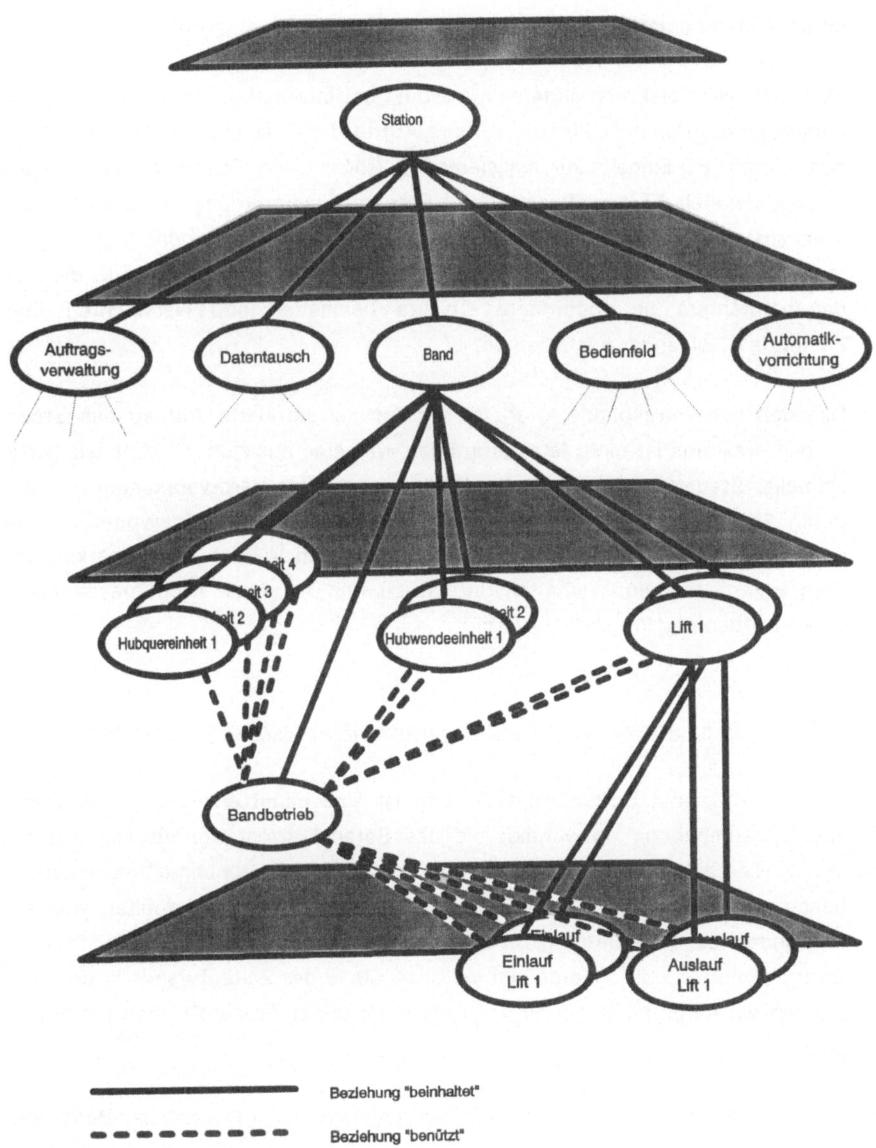

Bild 4.14: Beispiel für die Struktur eines objektbasierten Softwareentwurfs.

Die Beziehungsart "beinhaltet" zwischen zwei Objekten bedeutet also, daß im übergeordneten Objekt die PO-Einheit des untergeordneten Objekts mit den entsprechenden Parametern für den Nachrichtenaustausch aufgerufen wird.

"Benützt" ein Objekt ein anderes nur, so ist der Informationsaustausch über Variablenzuweisungen der Parameter beim Aufruf der Objekte innerhalb einer übergeordneten PO-Einheit zu realisieren. Beispielsweise "benützt" das Objekt "Hubquereinheit_1" das Objekt "Band_Betrieb" zur Ermittlung des aktuellen Betriebszustands des Bandes, wie "Band läuft", "Band steht" oder "Störungszustand". Damit werden Steuerungsprogramme durch Objekte aufgebaut, die wiederum mehrere untergeordnete Objekte beinhalten und Nachrichten über Zustände miteinander austauschen.

Der sich dabei ergebende, stark hierarchisch strukturierte Aufbau des Steuerungsprogramms ist nicht laufzeitoptimal, was eine ausreichend dimensionierte, schnelle Steuerung voraussetzt. Dadurch erhöhte Hardwarekosten werden durch Einsparungen bei der Softwareerstellung mehr als aufgewogen, da die objektorientierte Strukturierung des Programms die Wiederverwendbarkeit von Programmorganisationseinheiten unterstützt und zu einem leicht nachvollziehbaren Aufbau des Programms verhilft.

4.5.2 Entwurf einer benutzerfreundlichen SPS-Entwicklungsumgebung

Für eine effiziente Softwareentwicklung ist eine benutzerfreundliche SPS-Entwicklungsumgebung notwendig, die das Sprachkonzept der IEC-Norm unterstützt. Hierbei ist der Bereich "Programmtest und Inbetriebnahme" besonders zu beachten, da er einerseits viele steuerungstechnische Besonderheiten aufweist und andererseits im Umfang oft unterschätzt wird. Nach [HOE82] umfaßt der Softwaretest und die Inbetriebnahme etwa 40 % des Zeitaufwands in der Softwareentwicklung. Im Sondermaschinenbau ist dieser Anteil oft noch umfangreicher.

Die einfache Bedienung des Entwicklungssystems ist von zentraler Bedeutung für die Erstellung von SPS-Software. Der Aufwand für die Einarbeitung muß gering sein, das System muß unter den belastenden Rahmenbedingungen einer Produktionshalle sicher bedienbar sein, und auch der ungeübte Benutzer muß unterstützt und zu einer strukturierten Arbeitsweise angeregt werden. Dies kann mit einer graphisch-interaktiven Benutzungsoberfläche mit Menüführung und Hilfeinformationen zu den gerade selektierbaren Funktionen erreicht werden. Die softwareergonomische Gestaltung der Editoren für die Steuerungscodeerstellung steht dabei im Mittelpunkt. Die Menüführung darf dabei keine starre Bedienstruktur erzwingen, sondern muß jederzeit den Zugriff auf alle wichtigen Informationen für die Programmentwicklung ermöglichen.

Die effiziente Lösung einer praktischen Steuerungsaufgabe ist im wesentlichen von dem angewandten Sprachkonzept und seiner Implementierung abhängig. Bild 4.15 veranschaulicht, wie die fortschrittlichen Softwareansätze der IEC-Norm auf zur Zeit verfügbarer Hardware im Rahmen dieser Arbeit umgesetzt wurden. Wichtig ist die Möglichkeit, die Sprachebene, auf der ein Steuerungsproblem implementiert wird, frei wählen zu können. Deshalb wird die höhere Programmiersprache "Strukturierter Text" (IEC-ST) in die assemblerähnliche, genormte Anweisungsliste (IEC-AWL) übersetzt. In diesem Schritt werden den Variablen noch keine absoluten Speicheradressen zugewiesen. Es erfolgt also nur eine Übersetzung der Operationen. Kommentare in der höheren Sprache werden mit in die IEC-AWL übernommen, so daß ein SPS-Programm leicht nachvollziehbar ist. Das Steuerungsprogramm kann nun beliebig durch weitere in IEC-AWL implementierte Module ergänzt werden. Da bisher nur wenige Implementierungen der IEC-Norm existieren, muß die Anweisungsliste mit einem weiteren Übersetzer in die Sprache der Zielsteuerung umgesetzt werden. In diesem Schritt können die Operationen relativ leicht übersetzt werden, da die meisten Steuerungen Dialekte der Anweisungsliste für die Programmierung anbieten. Dabei werden den Variablen absolute Speicheradressen in der Syntax der Zielsteuerung zugeordnet.

Stehen Übersetzer für verschiedene Zielsteuerungen zur Verfügung, so können die in der Normsprache erstellten Module in verschiedenen Projekten auf unterschiedlichen SPS eingesetzt werden. Obwohl der Softwareentwickler immer noch gezwungen ist, die Sprachen der verschiedenen SPS für die Inbetriebnahme eines Programms zu beherrschen, stellt dies dennoch eine wesentliche Verbesserung der bisherigen Situation dar. Nur die Implementierung der genormten Anweisungsliste auf einer SPS durch ihren Hersteller kann diesen Umstand ändern. Der Monitorbetrieb und die Logikanalyse würden dadurch direkt in den Sprachen der IEC-Norm ermöglicht.

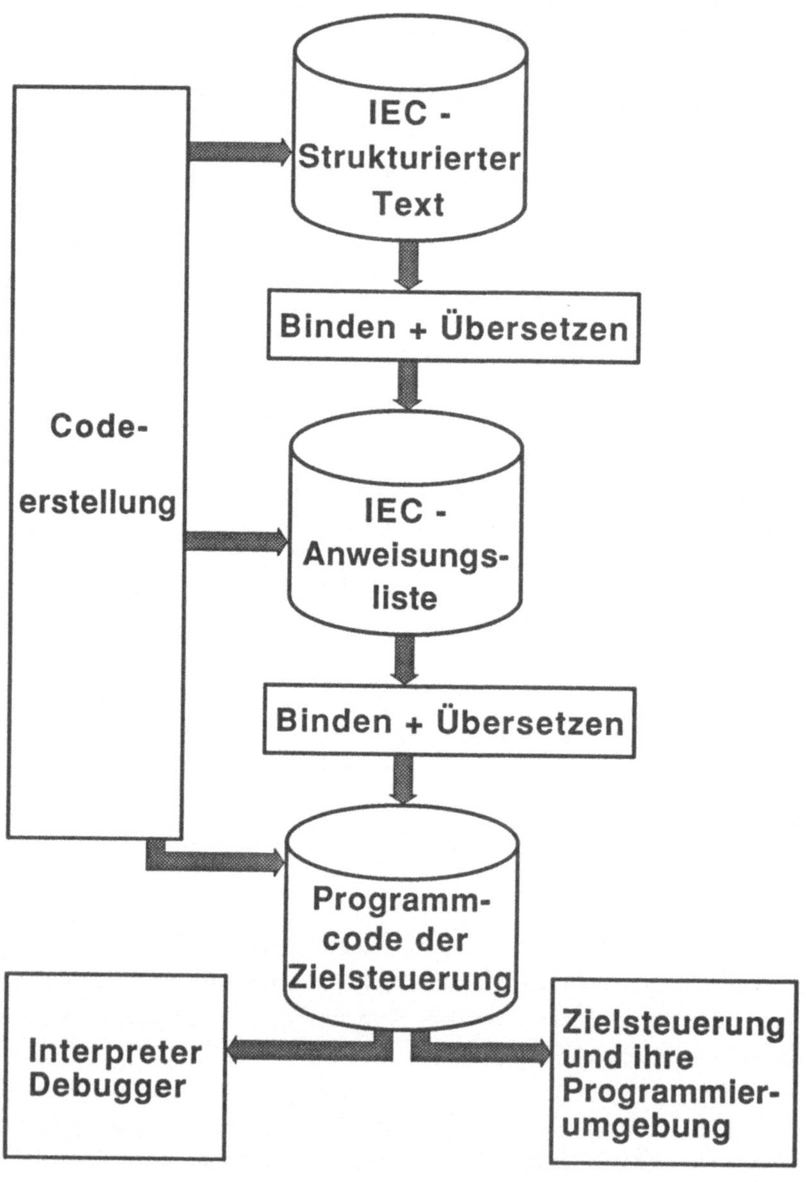

Bild 4.15: Implementierung des Sprachkonzepts der IEC-Norm für handelsübliche SPS in der erstellten Softwareentwicklungsumgebung

4.5.3   <u>Entwurf eines Compilers für die Übersetzung von IEC-Strukturiertem Text in IEC-Anweisungsliste</u>

Die Struktur des entwickelten Compilers für die Übersetzung der Programmiersprache IEC-ST in IEC-AWL wird in Bild 4.16 gezeigt. Der prinzipielle Aufbau kann grob in zwei Teile gegliedert werden, der Analyse des Quellprogramms und der Synthese des Zielprogramms. Diese Teile werden zum einen durch die Symboltabelle und zum anderen durch den Zwischencode verbunden.

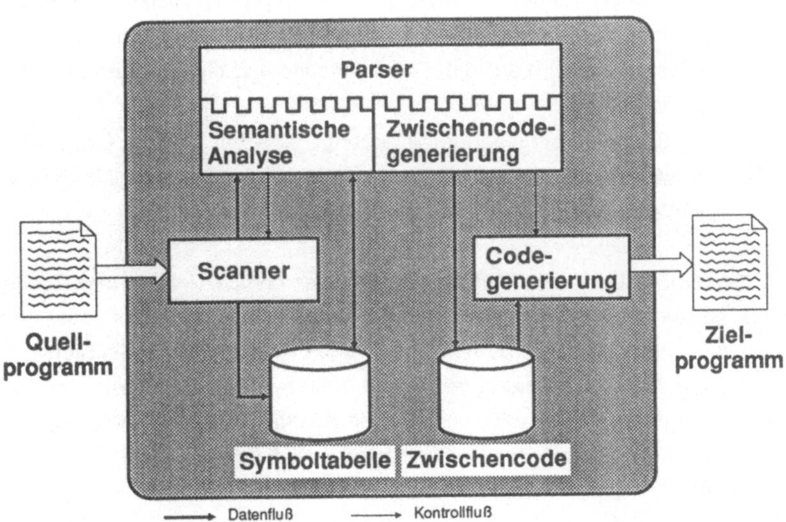

Bild 4.16: Struktur des IEC-ST-IEC-AWL-Compilers

Im Analyseteil lassen sich drei Bereiche unterscheiden:

- o   Die lexikalische Analyse identifiziert Grundbestandteile (lexikalische Elemente) der Quellsprache wie z. B. Schlüsselwörter, Bezeichner oder Konstanten. Entsprechend wird dieser Teil des Compilers als Scanner bezeichnet.

- o   Die syntaktische Analyse erkennt komplexe Bestandteile (Syntaxkonstrukte) der Quellsprache anhand einer Folge von lexikalischen Elementen. Dies sind z. B. Deklarationsteil für Variablen, Anweisungen oder Programmorganisationseinheiten der IEC-ST-Sprache. Für diese Aufgabe ist der Parser zuständig.

o Die semantische Analyse überprüft die Einhaltung der semantischen Regeln der Quellsprache. Bei Bezeichnern muß z. B. sichergestellt sein, daß sie deklariert sind, und für eine Sprunganweisung muß ein Sprungziel existieren.

Bei der Synthese des Zielprogramms ist hier nur eine Aufgabe durchzuführen:

o In der Codegenerierung werden Anweisungen der Zielsprache erzeugt, mit inhaltlich identischer Funktionalität des entsprechenden Quellcodes. Dabei wird auf den Zwischencode und die Symboltabelle zugegriffen.

o Die Speicherplatzgenerierung erübrigt sich bei diesem Compiler, da Variablendeklarationen und -verwendung in IEC-ST und IEC-AWL identisch sind.

In der Symboltabelle werden Informationen über die Bezeichner des Quellprogramms abgelegt. Bezeichner stehen für Variablen, Sprungmarken oder ganze PO-Einheiten. Einträge in die Symbolliste werden während der lexikalischen und syntaktischen Analyse erzeugt und für die weitere Bearbeitung zur Verfügung gestellt. Der Zwischencode wird vom Parser erzeugt und enthält in komprimierter Form die Informationen des Quellcodes, die als Eingabe für die Codegenerierung dienen.

In der Regel enthält das Quellprogramm Fehler. Neben Tippfehlern können semantische Regeln verletzt sein, oder das Quellprogramm ist unvollständig. Diese Fehler müssen vom Compiler erkannt werden. Durch eine Fehlerbehandlung sind korrigierende Maßnahmen und eine Dokumentation des Fehlers durchzuführen.

4.5.4 Entwurf eines Compilers für die Übersetzung von IEC-Anweisungsliste in die Anweisungsliste einer handelsüblichen SPS

Die grundlegende Struktur des erstellten Compilers, der IEC-AWL in die AWL einer handelsüblichen SPS (SPS-AWL) übersetzt, entspricht der Darstellung in Bild 4.17. Der wesentliche Unterschied im Vergleich zum IEC-ST-IEC-AWL-Compiler besteht in der zusätzlichen Funktion der Speicherplatzzuordnung.

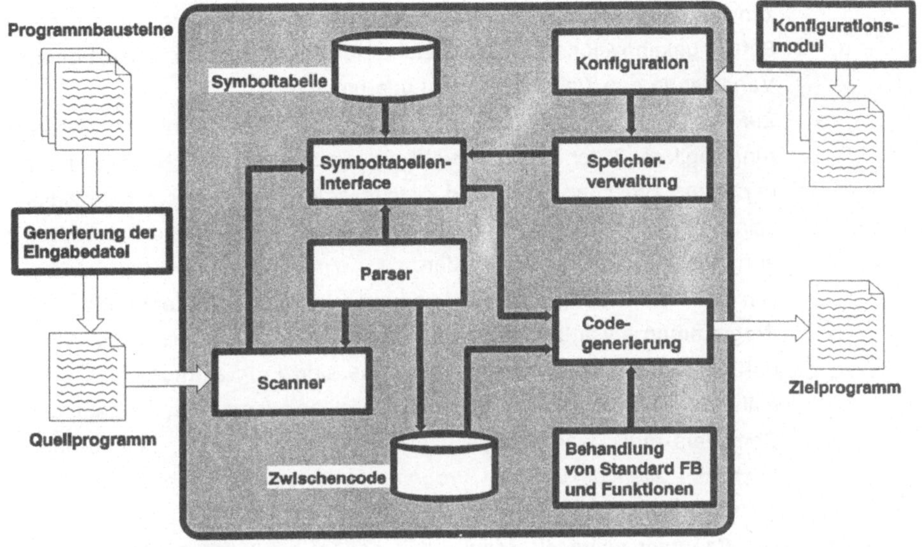

FB   Funktionsbaustein

Bild 4.17: Struktur des IEC-AWL-SPS-AWL-Compilers

Jeder im Quellprogramm deklarierten Variablen wird dabei ein bestimmter Speicherbereich zugeordnet. Abhängig vom Datentyp der Variablen wird die Größe des Speicherbereichs festgelegt. Außerdem werden den Programmorganisationseinheiten des Quellprogramms Bausteine der Zielsteuerung zugewiesen.

Zusätzlich sind folgende Besonderheiten zu beachten:

o   In der IEC-Norm sind verschiedene Standard-Funktionen und Funktionsbausteine definiert. Für diese Standard-Programmorganisationseinheiten muß vom Compiler ein entsprechender Zielcode generiert werden, der die gewünschte Funktionalität realisiert, unter Verwendung der von der Zielsteuerung zur Verfügung gestellten Strukturierungsmöglichkeiten eines Programms.

o   Für steuerungsspezifische Anpassungen und die Verwendung spezieller Funktionalitäten einer Zielsteuerung, die in der IEC-AWL nicht definiert sind, ist es wünschenswert, Anweisungen in der Zielsprache des Compilers in ein IEC-AWL-Programm einzufügen. Bei der Übersetzung sind diese Anweisungen, die durch den vorgestellten INLINE-Befehl gekennzeichnet sind, direkt unter Auflösung der verwendeten Variablen in das Zielprogramm zu übernehmen.

o   Zur Unterstützung der Inbetriebnahme und Überprüfung der Steuerungslogik muß der Zielcode leicht nachvollziehbar sein. Deshalb sollte der Bezug zwischen Quell- und Zielcodeanweisungen leicht herstellbar sein und die Umsetzung von Variablen auf absolute Speicheradressen automatisch kommentiert werden.

o   Um die Entwicklung und Verwendung von weiteren standardisierten Programmorganisationseinheiten zu unterstützen, ist eine Bibliothek dafür einzurichten. Zweckmäßigerweise sind Programmorganisationseinheiten jeweils in einer eigenen Datei anzulegen. Im Umfeld des Compilers muß dann ein Mechanismus vorhanden sein, der automatisch aus allen deklarierten Programmorganisationseinheiten ein Programm zusammenbindet.

o   Der Benutzer sollte die Möglichkeit haben, auch mit absoluter Speicheradressierung zu programmieren. Hierzu müssen die Speicherbereiche der Zielsteuerung festgelegt werden, die der Compiler bei der automatischen Speicherplatzzuordnung verwenden kann. Der restliche Speicher steht dem Anwender zur Verfügung. Außerdem müssen remanente und nicht remanente Speicherbereiche dem Compiler mitgeteilt werden. Deshalb ist mit Hilfe einer Konfigurationsfunktion die Speicheraufteilung festzulegen.

Der nach der Übersetzung vorliegende Code in der Zielsprache der verwendeten Steuerung ist durch die Prüfung des Compilers syntaktisch korrekt. Trotzdem wird das Steuerungsprogramm noch Fehler enthalten, die für eine ordnungsgemäße, der Anforderungsdefinition entsprechende Funktion der Steuerung zu beheben sind.

4.5.5   Vorgehensweise zur systematischen Fehlersuche in SPS-Software

In der Praxis sind leistungsfähige und benutzerfreundliche Testeinrichtungen der Software für den Einsatz eines Sprachkonzepts notwendig. Für die systematische Prüfung und Inbetriebnahme des Steuerungsprogramms müssen die möglichen Fehler zunächst klassifiziert werden.

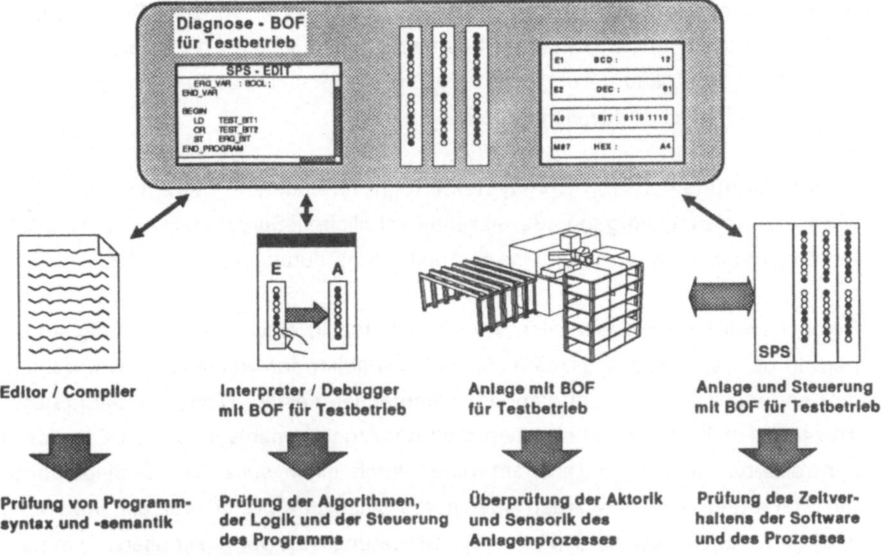

BOF: Benutzungsoberfläche

Bild 4.18: Vorgehensweise bei der Fehlersuche in Software für SPS

Folgende Ursachen können den Fehlfunktionen eines Automatisierungssystems zugrunde liegen (Bild 4.18):

o   Falsche Syntax einer Anweisung.

o   Logischer Fehler bzw. falsch formulierter Algorithmus für gewünschte Problemlösung (Denkfehler des Softwareentwicklers, semantischer Fehler).

o   Anlagenfunktionsfehler, d. h. unvorhergesehenes oder nicht ordnungsgemäßes Verhalten des Maschinenprozesses oder einer Anlagenkomponente. Hierzu zählen u. a. Verkabelungsfehler, Defekte an Sensoren und Aktoren, mechanische Fehlfunktionen wie Verklemmen, Bruch oder Schwergängigkeit und falsch justierte Komponenten.

o   Echtzeitfehler, d. h. Fehlfunktionen durch zu geringe Verarbeitungsgeschwindigkeit des Programms (z. B. ein kurzzeitiger Zustandswechsel eines Eingangs wird vom Programm nicht erkannt) oder durch zeitlich variierende Prozeßvorgänge auf Grund sich ändernder Parameter.

Eine schnelle Analyse von Fehlern in Automatisierungssystemen ist durch die Eingrenzung ihrer Ursachen und die einfache Identifikation der betroffenen Pro-

grammteile möglich. Können die einzelnen Fehlerklassen in einer Entwicklungsumgebung getrennt nacheinander bearbeitet werden, kann die Komplexität der
Fehlersuche und dadurch der benötigte Zeitaufwand für die Behebung der Fehlfunktionen deutlich reduziert werden.

Die Überprüfung der Programmsyntax erfolgt bei höheren Programmiersprachen
beim Übersetzungsvorgang. Bei assemblerähnlichen Sprachen kann bereits bei
der Eingabe einer Anweisung eine Syntaxprüfung durchgeführt werden.

Semantische Fehler lassen sich am einfachsten in einer Testumgebung erkennen, in der die Steuerungszustände und -variablen auf einfache Weise manipuliert und visualisiert werden können. Entsprechend einem Debugger bei höheren
prozeduralen Programmiersprachen muß der Programmablauf für den Entwickler
kontrollierbar sein. Dies kann entweder durch einen speziellen Betriebsmodus
der Steuerung erreicht werden oder durch einen Interpreter, der die Steuerung
auf dem Entwicklungsrechner der Steuerungssoftware simuliert. Letztere
Lösung ist in der Realisierung aufwendiger, bietet jedoch den großen Vorteil,
Softwaretests auch ohne eine Steuerung durchführen zu können. Die
Leistungsfähigkeit eines solchen Interpreters hängt in hohem Maße von seiner
Benutzungsoberfläche ab, die die Visualisierung und die Manipulation der
Steuerungszustände gleichzeitig erlauben muß.

Die Überprüfung des Maschinenprozesses und die Analyse von Anlagenfunk-
tionsfehlern erfolgen durch die Abfrage der Sensorsignale und der manuell akti-
vierten Aktoren bzw. Einzelfunktionen. Von der Softwareentwicklungsumgebung wird diese anlagenspezifische Aufgabe durch die benutzungsfreundliche
Bedieneroberfläche, die auch für den Interpreter zur Verfügung steht,
unterstützt. Während der Inbetriebnahmephase erspart das softwaretechnische
Ansteuern von Ausgängen aufwendige gerätetechnische Testaufbauten. Wünschenswert ist dabei, Ausgänge mit einem vorab definierten Zeitwert begrenzt
aktivieren zu können.

Um Probleme beim Echtzeitverhalten einer Fertigungsanlage zu analysieren, sind
die Steuerungszustände zu visualisieren und zu protokollieren. Der Monitorbetrieb einer Steuerung stellt hierfür die aktuellen Registerinhalte, Statusflags und
vom Anwender festgelegte Speicherbereiche dar. Außerdem ist die Verarbeitung eines editierten Programmabschnitts mit der Darstellung der aktuellen
Speicherinhalte am Bildschirm möglich.

4.5.6   <u>Testumgebung zur semantischen Prüfung von SPS-Programmen</u>

Um die beschriebene Vorgehensweise der Fehleranalyse von SPS-Software zu unterstützen, wurde eine Testumgebung entwickelt, in der syntaktisch korrekte Programme semantisch überprüft werden können. Diese Umgebung muß folgenden Forderungen gerecht werden:

- o   Darstellung beliebiger Speicheradressen in wählbaren, problemangepaßten Datenformaten (z. B. dual, hexadezimal, BCD-codiert)
- o   Manipulation beliebiger Speicherinhalte
- o   Kontrolle der Programmausführung durch den Benutzer
- o   Visualisierung und Protokollierung des Programms bzw. von Programmabschnitten mit den aktuellen, bearbeiteten Speicherinhalten
- o   Beeinflussung von Zeitfunktionen zur Anpassung an die Testbedingungen
- o   Einfache, benutzerfreundliche Handhabung

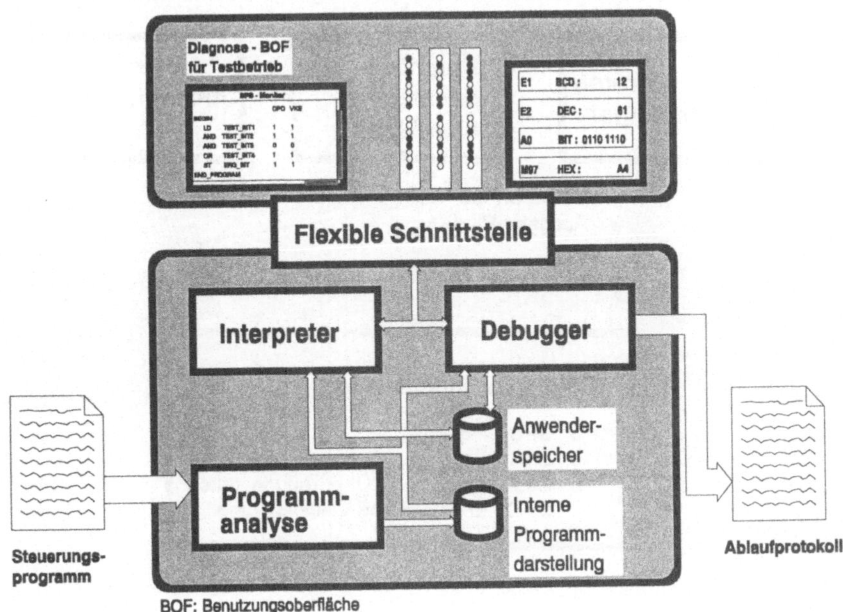

Bild 4.19: Struktur des Testsystems für SPS-Software

Diese Forderungen werden durch den Interpreter mit Debugfunktionen erfüllt, dessen Struktur in Bild 4.19 gezeigt wird. Das SPS-Programm wird im Analyseteil zeilenweise eingelesen, syntaktisch geprüft und in einer internen Darstellung zur schnelleren Ausführung der SPS-Anweisungen abgelegt. Parallel zur Analyse wird die Diagnosebenutzungsoberfläche entsprechend dem Kommunikationsprotokoll des Anwenders in einem eigenen Prozeß initialisiert. Dieses Protokoll ist in einem menügeführten Dialog durch den Anwender festzulegen. Dabei werden die Speicherbereiche der SPS definiert, die angezeigt werden. Außerdem werden durch den Anwender veränderbare Datenbereiche und das Datenformat für die Darstellung der Daten erfaßt. Diese Informationen können bei Bedarf auch während des Prüfvorgangs verändert werden. Die Benutzungsoberfläche paßt sich dann der neuen Festlegung entsprechend an.

Mit der Diagnosebenutzungsoberfläche wird gleichzeitig die flexible Schnittstelle als selbständiger Prozeß initialisiert. Dabei greift die flexible Schnittstelle ebenfalls auf das anwenderdefinierte Kommunikationsprotokoll zu und konfiguriert das Übertragungsprotokoll entsprechend. Außerdem wird der Speicherbereich für die Ein- und Ausgangsabbilder in das Übertragungsprotokoll einbezogen.

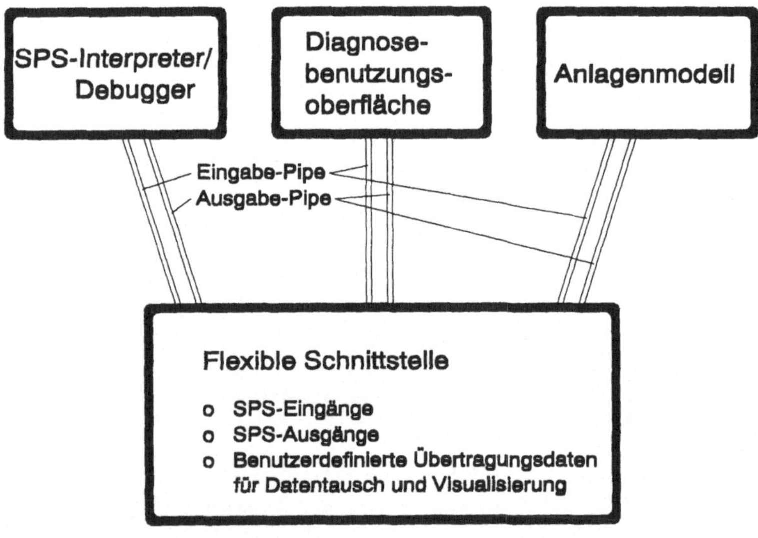

Pipe: Kommunikationskanal

Bild 4.20: Kommunikation der flexiblen Schnittstelle über Pipes mit den angekoppelten Prozessen

Der flexiblen Schnittstelle fällt die Aufgabe der Synchronisation der Schnittstellendaten zu (Bild 4.20), die über Pipes mit den angekoppelten Prozessen ausgetauscht werden. Die Eingabe-Pipes zu diesen Prozessen werden von der flexiblen Schnittstelle zyklisch aktualisiert und die Ausgabe-Pipes ausgelesen. Erhaltene Daten werden entsprechend der Festlegung des Kommunikationsprotokolls in den zentralen Schnittstellenspeicher übertragen. Bei Bedarf können weitere Prozesse über zusätzliche Pipes an die flexible Schnittstelle gekoppelt werden, so z. B. ein Anlagenprozeß, in dem das Verhalten einer Montageanlage simuliert wird.

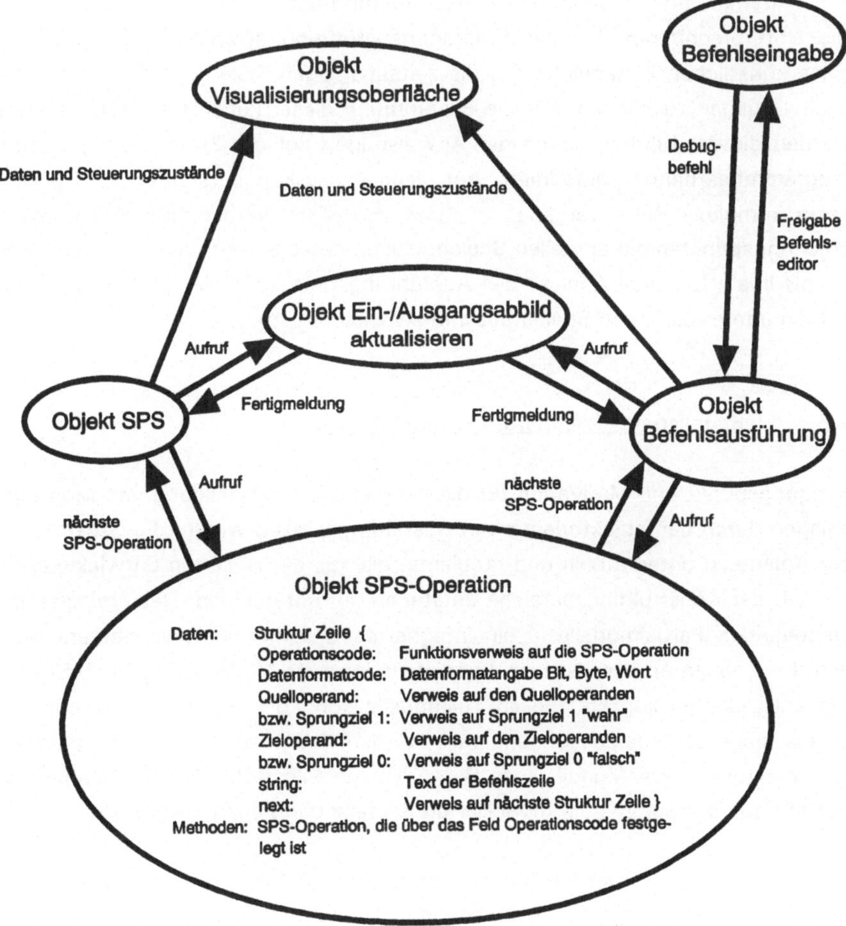

Bild 4.21: Objektorientierter Entwurf des Interpreter und Debugger

Über die Diagnoseoberfläche wird die Programmausführung oder der Debugger aktiviert. Bei der Programmausführung wird die SPS gemäß dem Entwurf in Bild 4.21 simuliert, indem die Befehlszeilen nacheinander interpretiert werden und das Speicherabbild der SPS entsprechend gesetzt wird. Am Ende eines Programmzyklus erfolgt wie bei der SPS eine Aktualisierung des Ein- und Ausgangsabbilds. Danach wird der nächste Verarbeitungszyklus gestartet.

Der Debugger ermöglicht die kontrollierte Ausführung des SPS-Programms, indem SPS-Anweisungen einzeln bearbeitet werden oder die Programmbearbeitung an Unterbrechungspunkten im Programm ausgesetzt wird. Außerdem können Anfangs- und Endpunkte für das Ausführungsprotokoll definiert werden. Die Unterbrechungen bei der Programmausführung erfordern die Einführung eines künstlichen Zeitablaufs, um die zeitabhängigen Teile des SPS-Programms nachvollziehen zu können. Für die Bestimmung dieser künstlichen Zeitrechnung werden die Ausführungszeiten der Anweisungen auf der Zielsteuerung bei der Programmbearbeitung aufaddiert. Auf diese Weise können schnelle und gleichzeitig komplexe Schaltvorgänge in Ruhe analysiert werden, indem an Unterbrechungspunkten die aktuellen Speicherzustände abgefragt werden, oder durch die off-line erfolgende Analyse des Ausführungsprotokolls, das praktischerweise auf die interessierenden Stellen beschränkt wird.

4.6 Erstellen des integrierten Produktmodells

Ausgangspunkt und Motivation für die entwickelte Modellbildung von Montageanlagen durch den objektorientierten Gestaltungsprozeß waren, die Gesamtsicht der Anlage zu unterstützen und Probleme, die aus der isolierten Entwicklung innerhalb der Konstruktionsbereiche entstehen, zu unterbinden. Dazu müssen die bestehenden Partialmodelle in ein integriertes Gesamtmodell eingebracht werden. Konsequenterweise ist hier die bauteilorientierte Modellierung fortzuführen. Die entwickelten konzeptionellen Teilmodelle können in einem übergeordneten Objekt eines Bauteils zusammengefaßt werden. Damit ergibt sich das integrierte, objektorientierte Modell eines Bauteils nach Bild 4.22. Das Anlagenmodell besteht aus der Summe der modellierten Bauteile und Funktionsobjekte.

Zur Integration der mechanischen, elektrischen und softwaretechnischen Gestaltungsmodelle sind die entsprechenden Objekte über Querverweise dem übergeordneten Objekt für die integrierte Beschreibung bekanntzugeben. In der im

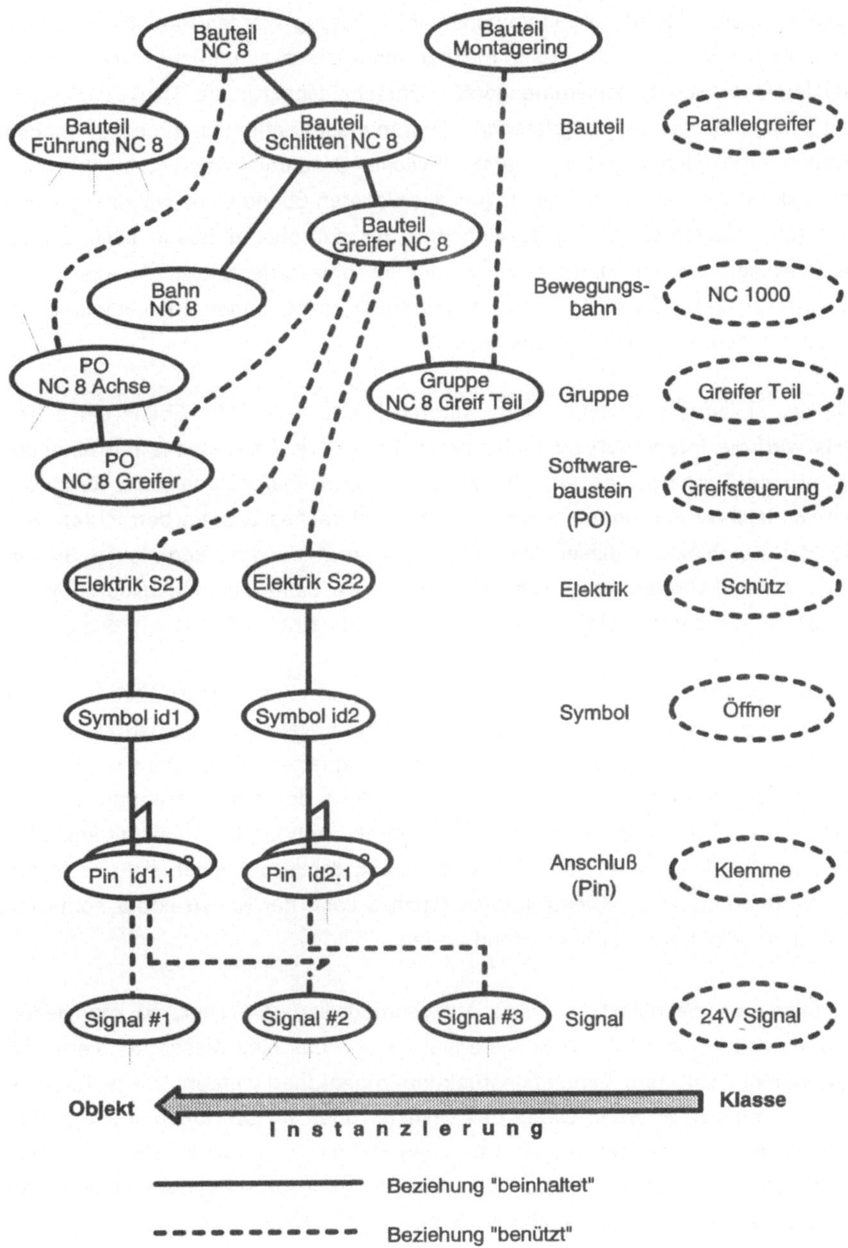

Bild 4.22: Integriertes, objektorientiertes Bauteilmodell

Rahmen dieser Arbeit vorgenommenen Modellierung werden das übergeordnete Objekt eines Bauteils mit dessen mechanischer Beschreibung zur Vereinfachung der Implementierung zusammengefaßt. Entscheidend für die Strukturierung einer Anlage ist es, die integrierenden Zuordnungsbeziehungen zwischen mechanischer, elektrischer und softwaretechnischer Beschreibung auf verschiedenen Abstraktionsebenen herzustellen. Auf der niederen Ebene eines Näherungsschalters, über Baugruppen und Teileinheiten, bis zur oberen Ebene einer Station oder Anlage werden diese Beziehungen im objektorientierten Anlagenmodell festgelegt. Bild 4.23 stellt diese integrierenden Beziehungen auf verschiedenen Abstraktionsebenen an einem Beispiel dar.

Mit der Zusammenführung der gestalteten Elemente auf der Ebene eines Bauteils wird die Integration überschaubarer, begrenzter Teilbereiche mit eindeutig definierten Schnittstellen erreicht. Eine Konsistenzüberprüfung kann für diesen Bereich leichter durchgeführt werden, da ein einfaches System betrachtet wird. Bei der Kombination dieser "einfachen Systeme" zu dem komplexen System einer Anlage können entsprechend schrittweise Baugruppen gebildet werden, bei denen nur die Interaktion konsistenter Objekte zu testen ist.

Die Konsistenzprüfungen können entweder durch einen Konstrukteur oder automatisiert durch eine Testprozedur durchgeführt werden. In beiden Fällen wird das Testen des Anlagenmodells durch das integrierte CAD-System weitgehend unterstützt. Auf Grund der parallelen Darstellung der drei Gestaltungsbereiche kann ein Konstrukteur einfach erfassen, ob alle notwendigen Gestaltungsinformationen für ein Bauteil getroffen sind. Neben den beschriebenen Prüfmöglichkeiten innerhalb eines Konstruktionsbereiches kann der Konstrukteur somit das Anlagenmodell bereichsübergreifend prüfen.

Verfolgt man die objektorientierte Anlagenmodellierung weiter, so kann jedem Bauteil, das in einer Bibliothek hinterlegt ist und das eine Klasse definiert, eine spezifische Test- und Simulationsfunktion zugeordnet werden. Diese Funktion arbeitet mit den internen Daten des Objekts, über die Objekte festgelegt sind, mit denen es interagieren kann, also einen Mechanismus bildet. Die hinreichende Modellierung eines Objekts, die dessen technologische Funktionalität mit erfaßt, kann mit der zugeordneten Simulationsfunktion auch die dynamischen Eigenschaften eines Bauteils oder einer Baugruppe abbilden. Diese Funktion ist dabei ebenso Teil des Objekts wie die Zustandsdaten, die das Objekt beschreiben.

Die Bauteilstruktur:

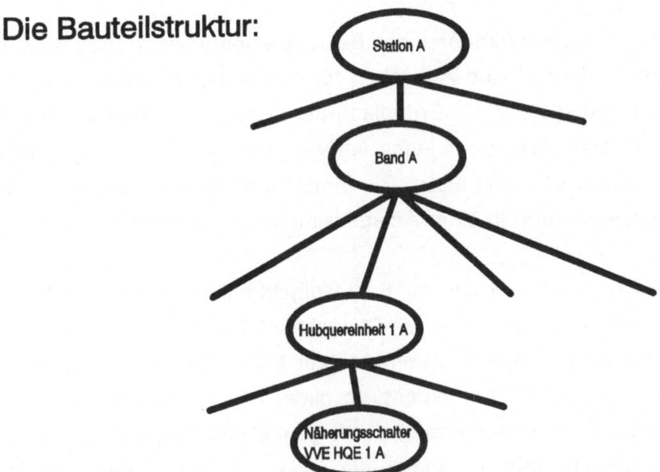

Die Objektstruktur des integrierten Anlagenmodells:

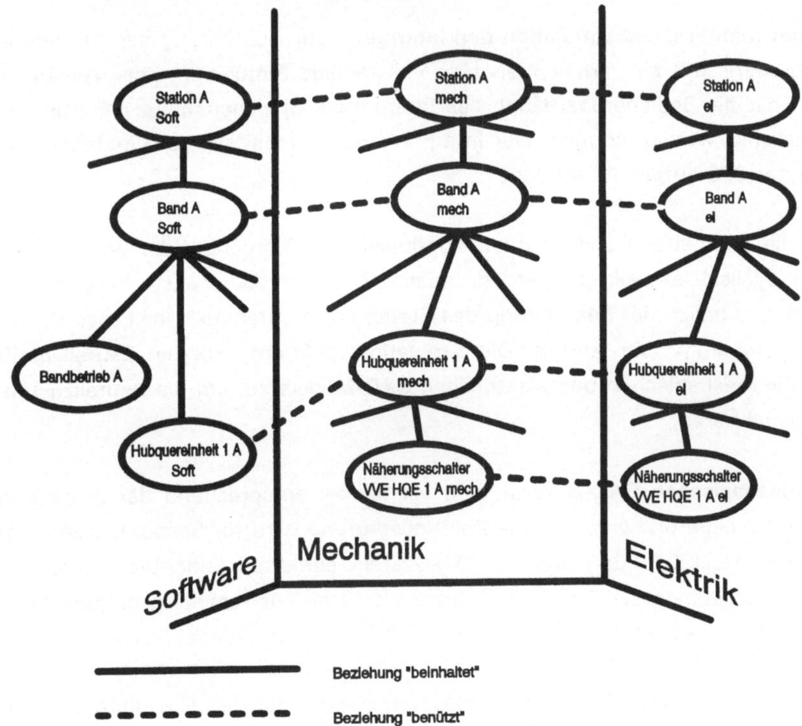

Bild 4.23: Integration des Anlagenmodells auf verschiedenen Abstraktionsebenen

Beinhalten die Simulationsfunktionen der Bedienelemente einer Produktionsanlage Dialogelemente, die Ein- und Ausgaben für den Anlagenentwickler ermöglichen, so kann eine Anlage auf der Grundlage der erstellten Gestaltungsinformationen simuliert werden, wenn für jedes verwendete Bauteil ein zugeordnetes Simulationsobjekt zur Verfügung steht. Die Simulationsobjekte können durch eine zentrale Ablaufverwaltung in einer Anlagensimulation zusammenwirken.

Mit dem Initialisierungsteil werden die Bauteilobjekte einer gestalteten Anlage eingelesen und initialisiert. Dabei werden Dialogbausteine durch Auswertung der Gestaltungsinformationen der Bedienelemente der Anlage generiert. Betätigt nun der Anlagenentwickler ein Bedienelement, so bildet die Simulationsfunktion das Wirkprinzip dieses Bedienelements ab und ruft gemäß den kausalen Zusammenhängen weitere Objekte auf, in denen die jeweiligen Simulationsfunktionen deren Verhalten und Wirkungsweise abbilden.

Bindet man in diese Simulation den Interpreter zur Ausführung des Steuerungsprogramms mit ein, erhält man eine vollständige Simulation einer Anlage, bei der über die Bedieneroberfläche des Interpreters Speicherinhalte der Steuerung visualisiert werden können. Der Interpreter kann dabei als die Simulationsfunktion der SPS aufgefaßt werden.

Für die Bearbeitung andauernder, kontinuierlicher Vorgänge können aktive Objekte zyklisch aktualisiert werden, indem sie in eine Aktionsliste aufgenommen werden. Ähnlich der Bearbeitung des Steuerungsprogramms erhält man dadurch ein "Programm" der Anlage. Die Simulationsfunktionen für ein Bauteil greifen auf die mechanischen und elektrischen CAD-Module zu, um die Bauteilzustände zu visualisieren.

Im mechanischen CAD-System wird ein Bauteil entsprechend der errechneten aktuellen Lage plaziert, oder die Kollisionsprüfung wird für Sensorauswertungen genutzt [HEN90]. Für einen im CAD-System editierten Schaltplan werden die Potentialzustände der Signale z. B. über die Farbe oder Linienart dargestellt, die sich bei einem Zustandswechsel verändern.

Ein Vorteil der Simulation einer Anlage ist die Prüfung der Gestaltungsinformationen auf einer abgeschlossenen Modellebene unter Ausschluß von physikalischen Fehlfunktionen und Echtzeitproblemen, die als zusätzliche Fehlerursachen bei der Inbetriebnahme der Anlage berücksichtigt werden müssen.

Eine sehr frühzeitige Überprüfung der Entwicklungsarbeit und der konstruktiven Lösungen wird dadurch möglich. Korrekturen, die vor Fertigungsbeginn im Konstruktionsstadium der Anlage durchgeführt werden, verursachen wesentlich geringere Kosten und Zeitverzögerungen. Außerdem kann die Steuerungssoftware schon während des Konstruktionsprozesses weitgehend getestet werden.

Durch die Überprüfung der Steuerungssoftware unter den besseren Arbeitsbedingungen in Büroräumen läßt sich die Inbetriebnahme vereinfachen und verkürzen. Die ursprüngliche Strukturierung der Software wird weniger beeinträchtigt, da weniger Programmänderungen unter den schwereren Arbeitsbedingungen in Werkstatt- oder Produktionshallen zur Fehlerbehebung notwendig sind.

Die Software-Architektur einer umfassenden Simulations- und Testumgebung wird in Bild 4.24 dargestellt. Koppelt man die Anlagensimulation und den Steuerungsinterpreter mit der Diagnosebenutzungsoberfläche über eine flexible

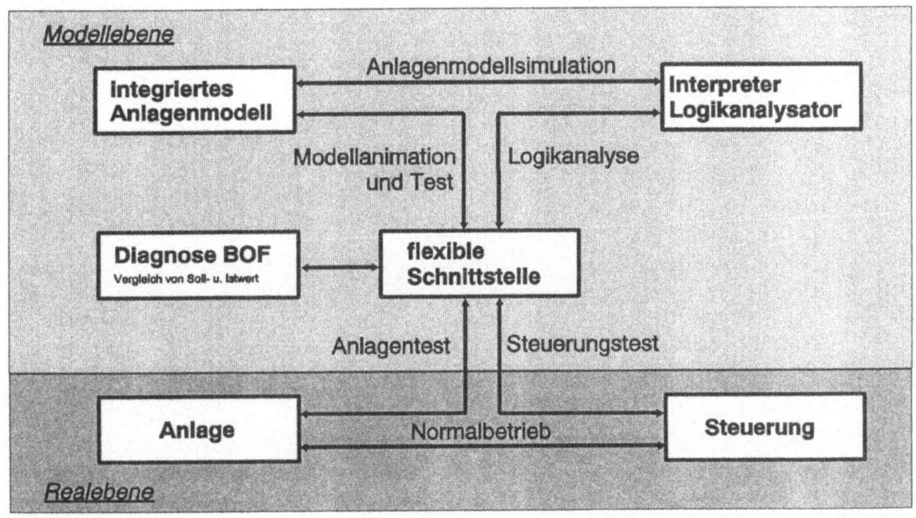

BOF: Benutzungsoberfläche

Bild 4.24: Software-Architektur für die integrierte Simulations- und Diagnoseumgebung von speicherprogrammierbar gesteuerten Anlagen

Schnittstelle, so können sie für die Inbetriebnahme durch die entsprechende Anlage bzw. Steuerung ersetzt werden. Durch die Übertragung der Eingangs- und Ausgangsabbilder zwischen der SPS und der flexiblen Schnittstelle auf dem Entwicklungsrechner lassen sich die Elemente der Real- und der Modellebene beliebig kombinieren. Für zeitkritische Steuerungsaufgaben sind jedoch Fehler in der Echtzeitverarbeitung der Anlagensignale durch den Steuerungsinterpreter zu erwarten.

5   IMPLEMENTIERUNG EINES CAD-SYSTEMS ZUR SOFTWAREENT-
        WICKLUNG FÜR SPS IM INTEGRIERTEN KONSTRUKTIONSPROZESS
        AUTOMATISIERTER MONTAGEANLAGEN

5.1   Softwarearchitektur des CAD-Systems

Das Ziel der rechnergestützten integrierten Informationsverarbeitung im Ent-
wicklungsbereich von Sondermaschinen und Montageanlagen erfordert, die
Gestaltungsmittel der Konstruktionsbereiche in einem System zu vereinigen.
Bild 5.1 verdeutlicht die grundlegende Architektur dieses CAD-Systems, das im
Rahmen dieser Arbeit implementiert wurde. Auf die einzelnen Entwicklungsbereiche zugeschnittene rechnerunterstützte Arbeitsumgebungen werden über
eine zentrale Datenbasis gekoppelt. Aus den Modulen für die mechanische
Gestaltung, die elektrische Gestaltung und die Softwareentwicklung kann auf
die Datenbereiche des integrierten Anlagenmodells zugegriffen werden, die dem
jeweiligen Aufgabenfeld zugeordnet sind.

Entsprechend dem entwickelten Konzept der objektorientierten Modellierung im
integrierten Konstruktionsprozeß müssen alle drei Module für die Gestaltung das
Objektmodell einer Anlage unterstützen. Dadurch wird die Integration mechanischer, elektrischer und softwaretechnischer Objekte in übergeordneten Objekten
möglich. Die parallele Bearbeitung der einzelnen Entwicklungsbereiche ermöglicht die bereichsübergreifende Darstellung des aktuellen Entwicklungsstandes
eines Projekts auf dem Bildschirm.

Implementiert wurde das integrierte CAD-System in der Programmiersprache C
für Workstations, um Portierungen einfach vornehmen zu können. Für die Realisierung der Benutzeroberfläche wurde die Beschreibungssprache für Benutzer-
oberflächen XBOF [BRU91] eingesetzt.

Bei der Entwicklung des CAD-Systems wurde auf die einfache Handhabung und
Selbstdokumentation der graphisch-interaktiven Benutzungsoberfläche hoher
Wert gelegt. Der Anwender findet deshalb eine leicht erlernbare, problemorien-
tierte Arbeitsumgebung vor und kann einfach im rechnergeführten Dialog Informationen aus den verschiedenen Entwicklungsbereichen abfragen. Durchgehen-
de, kontextsensitive On-line-Hilfeinformationen unterstützen den Anwender bei
seiner Arbeit mit dem System.

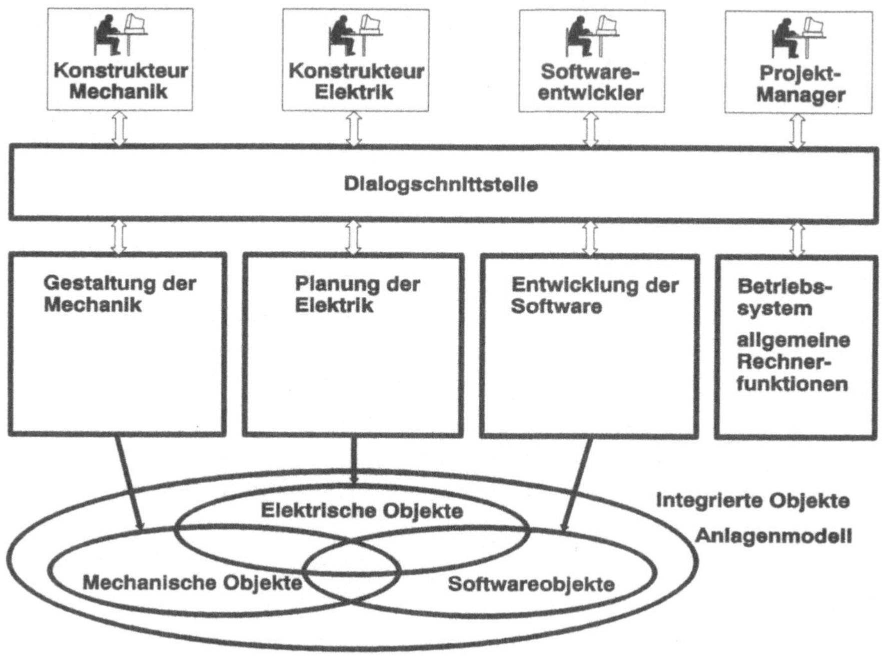

Bild 5.1: Aufbau des integrierten CAD-Systems

Zur Bearbeitung mechanischer Gestaltungsaufgaben kommt der bereits vorhandene, objektorientierte 3D-Volumenmodellierer XBOFgraph [BRN91] zum Einsatz, der den gestellten Aufgaben entsprechend erweitert wurde. Das ebenfalls vorhandene CAD-System DDS-C [HPC90] für die Elektrokonstruktion wurde für die elektrische Schaltplanerstellung als Modul integriert. Durch die offene Systemarchitektur kann auf beliebige, externe Ressourcen des Rechnersystems zugegriffen werden. Dies ermöglicht die Einbindung spezieller Werkzeuge zur Ergänzung der Funktionalität des CAD-Systems. Außerdem kann auf externe Informationssysteme zur Unterstützung des Gestaltungsprozesses zugegriffen werden.

Im folgenden soll die Anwendung der vorgestellten Konzeption und die praktische Arbeit mit dem implementierten CAD-System anhand eines Beispiels verdeutlicht werden. Hierzu soll ein Doppelgurtband-Transfersystem entwickelt werden, das zwei Montagestationen verbindet und in Bild 5.2 dargestellt ist.

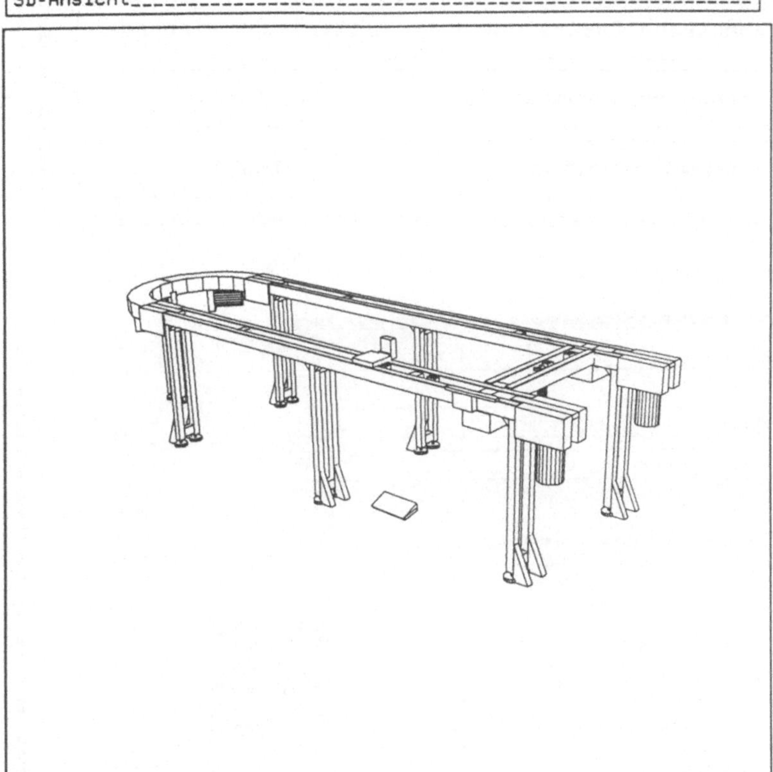

Bild 5.2: Das Doppelgurtband-Transfersystem des Anwendungsbeispiels

5.2 Projektverwaltung

Nach dem Systemstart muß zunächst ein Projekt angelegt oder ausgewählt werden. Das nun auf dem Bildschirm erscheinende Hauptmenü mit den anwählbaren Softwaremodulen zeigt Bild 5.3. Unter dem Menüeintrag "Projektverwaltung" stehen Funktionen für die Verwaltung von Projekten zur Verfügung, mit denen einzelne Dateien oder Projekte kopiert, umbenannt, gelöscht oder selektiert werden können.

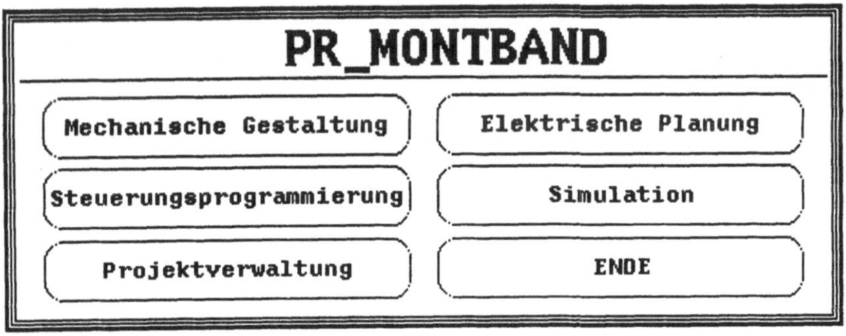

Bild 5.3: Das Hauptmenü

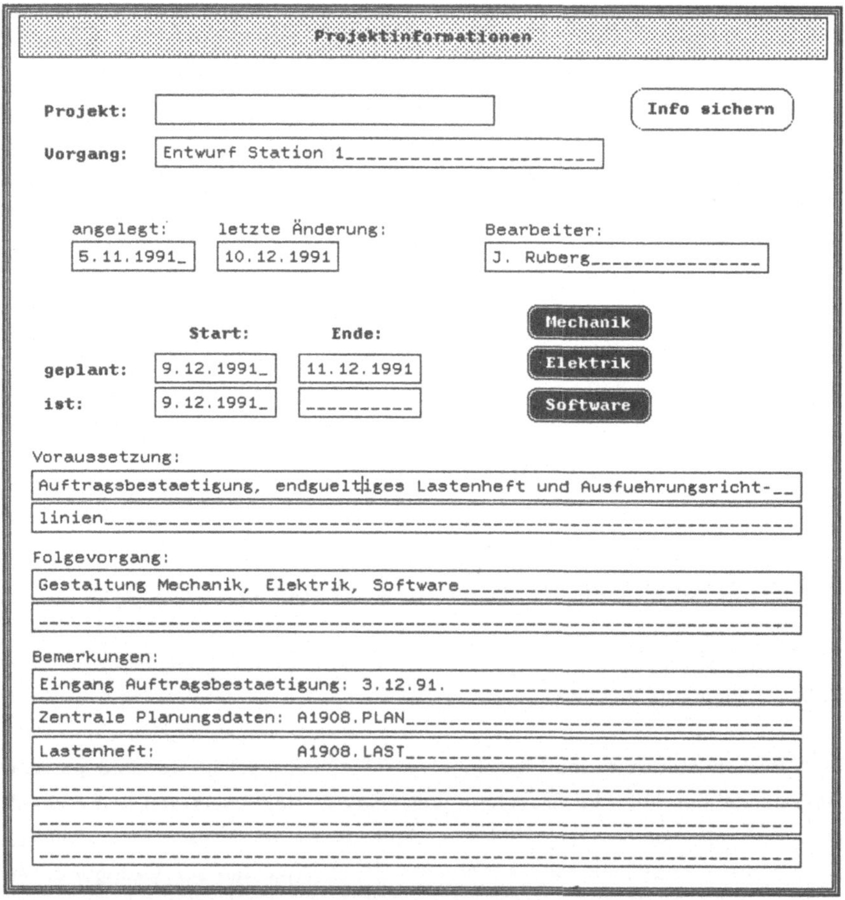

Bild 5.4: Formblatt für die Erfassung eines Entwicklungsvorgangs

Für die Planung und Kontrolle des Projektablaufs können Aktionsformblätter angelegt werden, die über die in Bild 5.4 dargestellte Maske erfaßt werden. Eine Aktion enthält neben ihrer inhaltlichen Beschreibung die geplanten und realisierten Termine für Start und Ende. Durch Selektion entsprechender Schalter wird sie den betroffenen Konstruktionsbereichen zugeordnet. Mit dem Eintrag der Daten für den Bearbeitungsstart und den Abschluß der Aktion läßt sich der aktuelle Status einer Aktion jederzeit abfragen und überwachen. Die Festlegung einzelner Entwicklungsaktionen dient damit der Koordination der verschiedenen Entwicklungsbereiche.

5.3   Gestaltung der Mechanik

Über die Anwahl der Option "Mechanische Gestaltung" im Hauptmenü ist der dreidimensionale (3D) Volumenmodellierer zugänglich. Neben dem Fenster mit den durch Piktogrammen repräsentierten Werkzeugen werden eine 3D-Ansicht und eine X-Y-Ansicht des standardmäßig eröffneten Arbeitsraumes generiert. Ein Arbeitsraum wird auch als "Welt" bezeichnet und beinhaltet 3D-Körperabbildungen. Da grundsätzlich allen Ansichten ein 3D-Volumenmodell zugrunde liegt, erfolgt die Darstellung nicht immer normgerecht.

Den Piktogrammen des in Bild 5.5 gezeigten Werkzeugfensters sind Funktionen und Werkzeuge für die mechanische Konstruktion unterlegt. Für die Gestaltung der Mechanik des Doppelgurtband-Transfersystems des Anwendungsbeispiels werden die erforderlichen Bauteile und Baugruppen mit dem Einfügewerkzeug aus der Bauteilbibliothek selektiert und in der Arbeitswelt instanziert. Sonderkonstruktionen, die nicht durch die in der Bibliothek hinterlegten Teile aufgebaut werden können, müssen aus parametrisierten Grundkörpern aufgebaut werden oder sind von externen CAD-Systemen (EUCLID, MEDUSA, AUTOCAD) zu übernehmen.

Im Rahmen dieser Arbeit wurde das Arbeitswelt-, das Kollisions-, das Gruppen-, das Führungs- und das Verkettungswerkzeug neu entwickelt und implementiert. Das Modifikations-, das Verschiebe-, das Rotations- und das Direktwerkzeug wurden auf die neuen Erfordernisse angepaßt und erweitert. Zur Konkretisierung der objektorientierten Gestaltung wird das Arbeiten mit den Werkzeugen knapp umrissen.

Einfügewerkzeug		Verschiebewerkzeug	
Rotationswerkzeug		Splitwerkzeug	
Direktwerkzeug		Modifikationswerkzeug	
Kopierwerkzeug		Löschwerkzeug	
Kollisionswerkzeug		Arbeitsweltwerkzeug	
Zoomwerkzeug		Erzeugewerkzeug	
Meßwerkzeug		Führungswerkzeug	
Druckwerkzeug		Gruppenwerkzeug	
Verkettungswerkzeug			

Bild 5.5: Werkzeuge für die mechanische Gestaltung

Ein in die Arbeitswelt eingefügtes Bauteil kann mit dem Verschiebewerkzeug, dem Drehwerkzeug oder auch mit Hilfe des umfassenden Modifikationswerkzeugs positioniert und orientiert werden.

Entsprechend des Arbeitsverlaufs können beliebige neue Ansichten mit dem Erzeugewerkzeug generiert und durch das Löschwerkzeug wieder beseitigt werden. Die Zoomfunktion erzeugt vergrößerte Detailansichten. Da unterschiedliche Arbeitswelten über die Arbeitswelt- und Erzeugewerkzeuge geöffnet und gleichzeitig bearbeitet werden können, wird die parallele Erstellung verschiedener Baugruppen in logisch getrennten Arbeitsbereichen unterstützt. Die Konstruktionsarbeit findet also auf verschiedenen Abstraktionsebenen gleichzeitig statt. Verschiedene Körper in einer Arbeitwelt werden dabei als Baugruppe zusammengefaßt und in der Bauteilbibliothek hinterlegt. Werden nun verschiedene Baugruppen in eine neue Welt eingefügt und konfiguriert, erhält man eine übergeordnete Baugruppe.

Für das Transfersystem kann eine Antriebseinheit aus Elektromotor, Getriebe und Gurtantrieb zusammengefaßt werden. Diese Baugruppe läßt sich mit Profilen zu einer Längsstrecke erweitern. Daneben kann eine Hubquereinheit aus einem pneumatischen Zylinder, Hubplatte, Schaltern, Schaltwippe und Vereinzelung für Werkstückträger aufgebaut und als Baugruppe hinterlegt werden. Auf der nächsten Ebene lassen sich dann Längsstrecken und Querstrecken kombinieren, usw. Diese hierarchische Strukturierung unterstützt die iterative Lösungsfindung und die Wiederverwendung von Teilergebnissen. Mit dem Kopierwerkzeug können Körper mit identischen Eigenschaften instanziert werden.

Über die Modellierung von Körpergeometrien hinausgehend, können zusätzlich technologische und funktionale Eigenschaften der Bauteile festgelegt werden. Durch das in Bild 5.6 dargestellte Modifikationswerkzeug wird die Klassifizierung eines Körpers durch die Eigenschaften bewegt oder unbewegt und kollisionsaktiviert verdeutlicht.

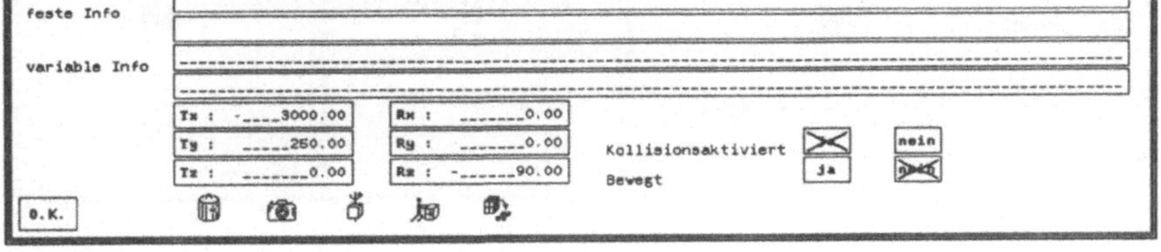

Bild 5.6: Modifikationswerkzeug

Körper, die als Sperräume deklariert sind, werden nur optional dargestellt und stellen Aktionsbereiche dar. Ein Aktionsbereich modelliert z. B. den Schaltbereich eines Näherungsschalters oder einer Lichtschranke, deren Schaltzustand mit dem Kollisionswerkzeug ausgewertet werden kann. Die Geometrie eines schaltenden Bauteils kann so mit der Geometrie seines Schaltbereiches in einem Objekt abgebildet und definiert werden (Bild 5.7).

Die Vergabe des Attributs "Sperraum" erfolgt durch das Verbindungswerkzeug. Darüber hinaus ermöglicht dieses Werkzeug einen Körper, und damit dessen mechanische Bauteilbeschreibung, mit einem elektrischen Objekt und einem Softwareobjekt zu verbinden. Ein Eintrag erfolgt nur bei Bedarf. Der Eintrag des Typs gibt dabei die Klasse des angegebenen Objekts an, der Name die Instanzierung. Dadurch ergibt sich eine eindeutige Zuordnung.

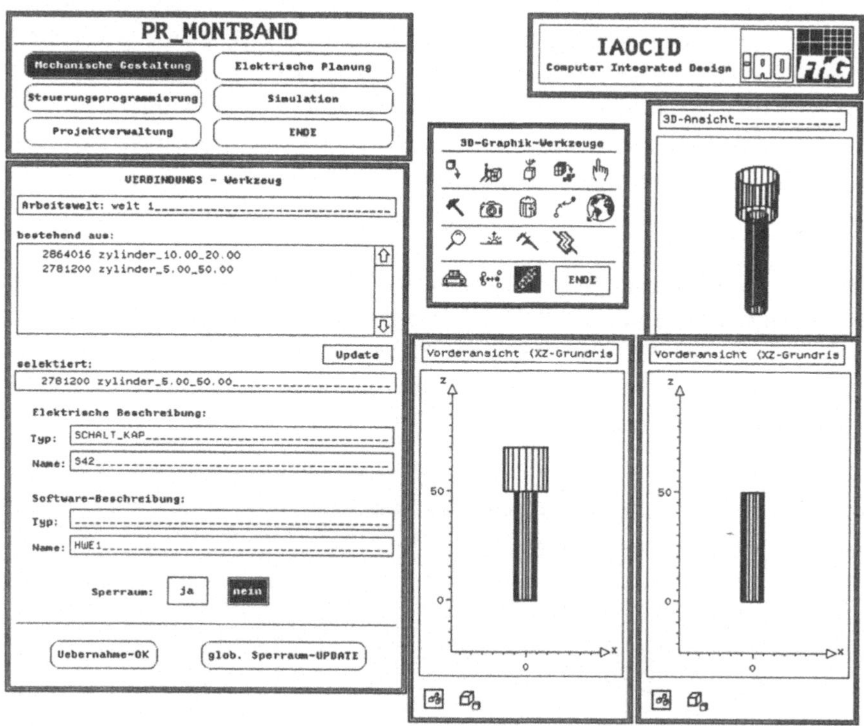

Bild 5.7: Modellierung eines Näherungsschalters

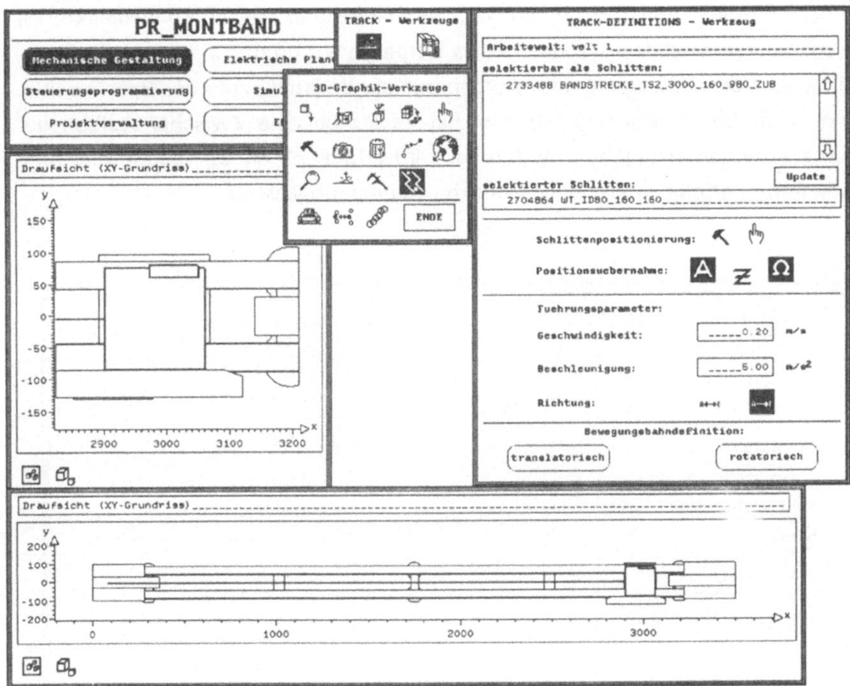

Bild 5.8: Führungswerkzeug zur Erfassung von Bewegungsbahnen

Wird ein mechanisches Objekt durch ein Softwareobjekt nur referenziert, wie z. B. der in Bild 5.7 abgebildete Näherungsschalter durch eine Hubwendeeinheit, so kann dies durch den Eintrag des Namens der Instanzierung erfaßt werden. Der Eintrag für die Klasse der PO-Einheit bleibt in diesem Fall frei. Nur wenn eine PO-Einheit das Steuerungsverhalten einer mechanischen Baugruppe implementiert, ist für den Typ der Name dieser PO-Einheit einzutragen. Die mechanische Baugruppe für eine Hubwendeeinheit wird also über den Typ-Eintrag der Softwarebeschreibung mit der PO-Einheit verbunden, die ihre Ansteuerung realisiert. Durch die Erfassung des Namens erhält man die eindeutige Zuordnung der Instanzierung und damit eine integrierte Beschreibung der Baueinheit.

Mit Hilfe des Führungswerkzeugs in Bild 5.8 kann das Bewegungsvermögen von Bauteilen beschrieben werden. Dazu wird die Bahn eines bewegten Körpers erfaßt und durch ein Objekt, das Führungsobjekt, dokumentiert. Dieses Führungsobjekt stellt eine Gerade bzw. einen Kreisbogen dar und kann bei Bedarf ausgeblendet werden. Bild 5.9 verdeutlicht die Darstellung des Führungsobjekts für einen Werkstückträger. Die Bahn eines Körpers wird erfaßt, indem der bewegte Körper mit den Bewegungswerkzeugen auf die Endstellungen der Bahn positioniert wird. Bei rotatorischen Bahnen ist zusätzlich eine Zwischenposition auf dem Kreisbogen anzugeben. Außerdem wird erfaßt, ob die Bewegung nur in eine Richtung erfolgt, oder ob eine Rückbewegung möglich ist.

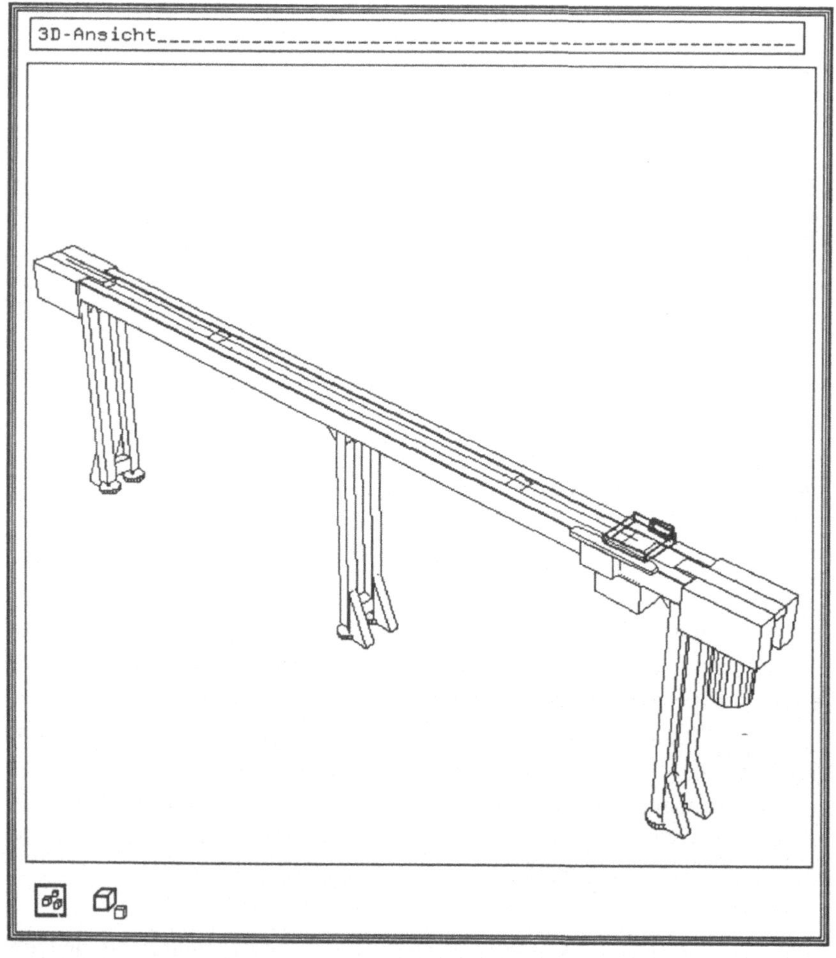

Bild 5.9: 3D-Ansicht mit Führungsobjekt einer Bewegungsbahn

In dem Transfersystem lassen sich die Bewegungen der Werkstückträger auf den Gurtbandförderstrecken durch Bahnen abbilden. Zusätzlich können die Bewegungen der Hub- und Wendeeinheiten durch Bahnen modelliert werden. Die Bewegungen des Sperrstiftes eines Werkstückvereinzlers und der Schaltwippen werden ebenfalls durch Bahnen festgelegt.

Um ein Werkstück mit dem Werkstückträger zusammen bewegen zu können, ohne einen neuen Körper zu definieren, muß durch das Verbindungswerkzeug eine Gruppe definiert werden. Je nachdem, ob die Verbindung aktiv geschaltet ist oder nicht, wird die gesamte Gruppe oder nur der selektierte Einzelkörper bei der Ausführung einer Bewegungsaktion neu plaziert. Dadurch ist der Transport des Werkstücks auf dem Werkstückträger zwischen den Montagestationen einfach durchzuführen. Mit der Aktivierung einer neuen Verbindung kann eine Greiffunktion, die das Werkstück vom Werkstückträger abhebt, modelliert werden.

Für die Dimensionierung von Bauteilen und zur Überprüfung der Bewegungsfreiheit eines Körpers können mit dem Kollisionswerkzeug Körperdurchdringungen festgestellt werden (Bild 5.10). Unerwünschte Kollisionen werden dadurch einfach erkannt. Außerdem kann die Lage von Sensoren überprüft werden, wenn ihre Wirkbereiche durch Aktionskörper modelliert wurden.

Die Kollisionsabfrage kann für einen Körper entweder global für den ganzen Arbeitsbereich erfolgen oder in bezug auf einen ausgewählten zweiten Körper.

Damit werden die funktionalen Wirkprinzipien eines Montageprozesses erfaßt und abgebildet. Die Maschinenfunktionen von Bauteilen und Baugruppen sind am Bildschirm direkt und anschaulich nachvollziehbar und sind für die folgende Entwicklungsarbeit zugänglich.

Für das im Anwendungsbeispiel betrachtete Transfersystem kann weitgehend auf Standardelemente zurückgegriffen werden. Die Hubquereinheiten und die Hubwendeeinheit, die auch als Knoten bezeichnet werden, können auf Grund ihres häufigen Vorkommens als Standardmodule hinterlegt werden. Entsprechend müssen nur die verbindenden Zwischenelemente und die Arbeitsstationen neu erstellt und eingepaßt werden.

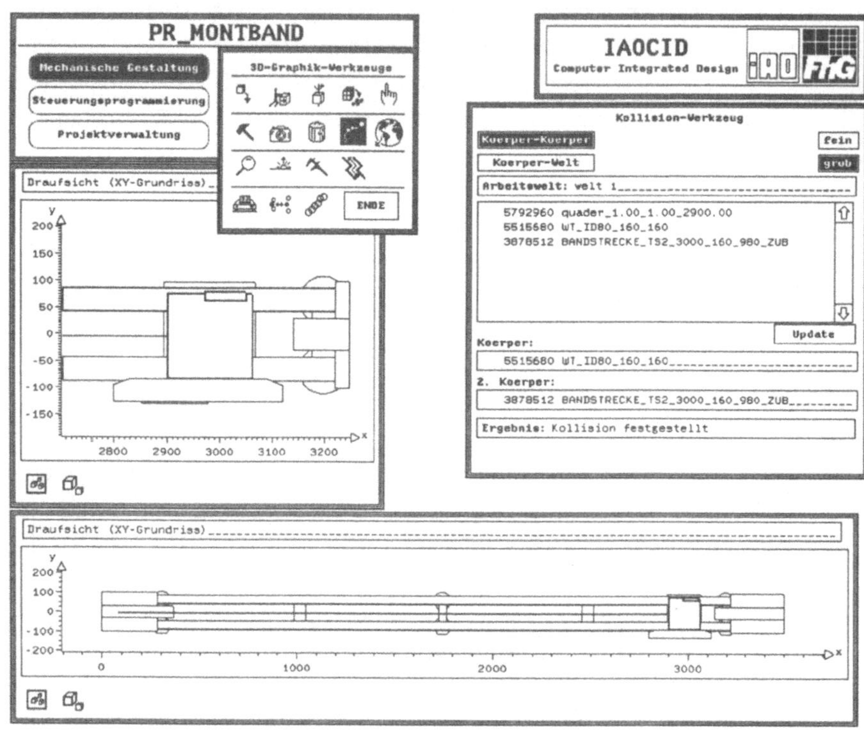

Bild 5.10: Kollisionsüberprüfung am CAD-System

5.4 Gestaltung der Elektrik

Das für die Gestaltung der Elektrik zur Verfügung stehende CAD-System DDS-C unterstützt die bauteilorientierte Erstellung von elektrischen Schaltplänen und des Schaltschranklayouts. Aus den erstellten Plänen werden anschließend alle fertigungsrelevanten Unterlagen automatisch generiert.

Wird der Eintrag "Elektrische Planung" des Hauptmenüs angewählt, erscheint ein Menü, von dem aus der Schaltplaneditor, das Modul für das Schaltschranklayout und die Generierung der Verbindungs- und Stücklisten sowie der Klemmenpläne gestartet werden können. Von hier aus kann außerdem auf die Symbolerstellung für die Definition von elektrischen Bauteilen und auf die Datenbanken mit den Bauteilbeschreibungen zugegriffen werden. Mit der Selektion des

Schaltplaneditors wird dieser initialisiert. Zuerst muß bei einem neuen Zeichnungssatz ein Blatt initialisiert werden. Danach kann ein in der Datenbank hinterlegtes Bauteil angewählt werden. Die dadurch erzeugte Instanzierung dieses Bauteils muß durch einen Namen eindeutig gekennzeichnet werden und kann dann über Signale mit anderen Bauteilen verbunden werden. Der Schaltplan in Bild 5.11 verdeutlicht außerdem die automatisch generierten Querverweise an Signalabbrüchen und verteilt dargestellten Bauteilen.

Auf Wunsch wird der Konstrukteur durch ein Menü bei der Arbeit unterstützt. Alternativ steht ein Tastenmodus zur Verfügung, bei dem Funktionen durch einen Tastendruck aktiviert werden. Dies erlaubt ein sehr schnelles Arbeiten mit minimalen Eingabeoperationen, erfordert jedoch eine ausführliche Einarbeitung.

Diese bestehende Funktionalität des integrierten CAD-Systems für die Elektrokonstruktion wurde im Rahmen dieser Arbeit um die im folgenden beschriebenen Funktionen erweitert.

Durch eine spezielle Gestaltung der Bauteildefinitionen für Eingangs- und Ausgangskarten speicherprogrammierbarer Steuerungen können den verteilt darstellbaren Symbolen der Ein- und Ausgänge neben den physikalischen Adressen auch symbolische Namen zugeordnet werden. Diese können automatisch über die Zuweisungs- oder Symbolliste in ein SPS-Programm übernommen werden.

In einem weiteren Schritt ist das Bedienpult der Anlage zu generieren. Hierzu werden alle Bedien- und Anzeigeelemente aus der elektrischen Bauteilliste automatisch selektiert und in einem Bedienpultfenster auf dem Bildschirm dargestellt. Die den einzelnen Bauteilen zugeordneten Piktogramme können innerhalb dieses Bedienpultfensters vom Konstrukteur verschoben und neu angeordnet werden. Mit dieser einfachen Layoutgestaltung des Bedienpults erfolgt die konstruktive Festlegung der Anlagenbedienung auf Grund der erstellten Schaltpläne. Das Bedienpult des Anwendungsbeispiels wird durch das Fenster im Bild 5.12 dargestellt.

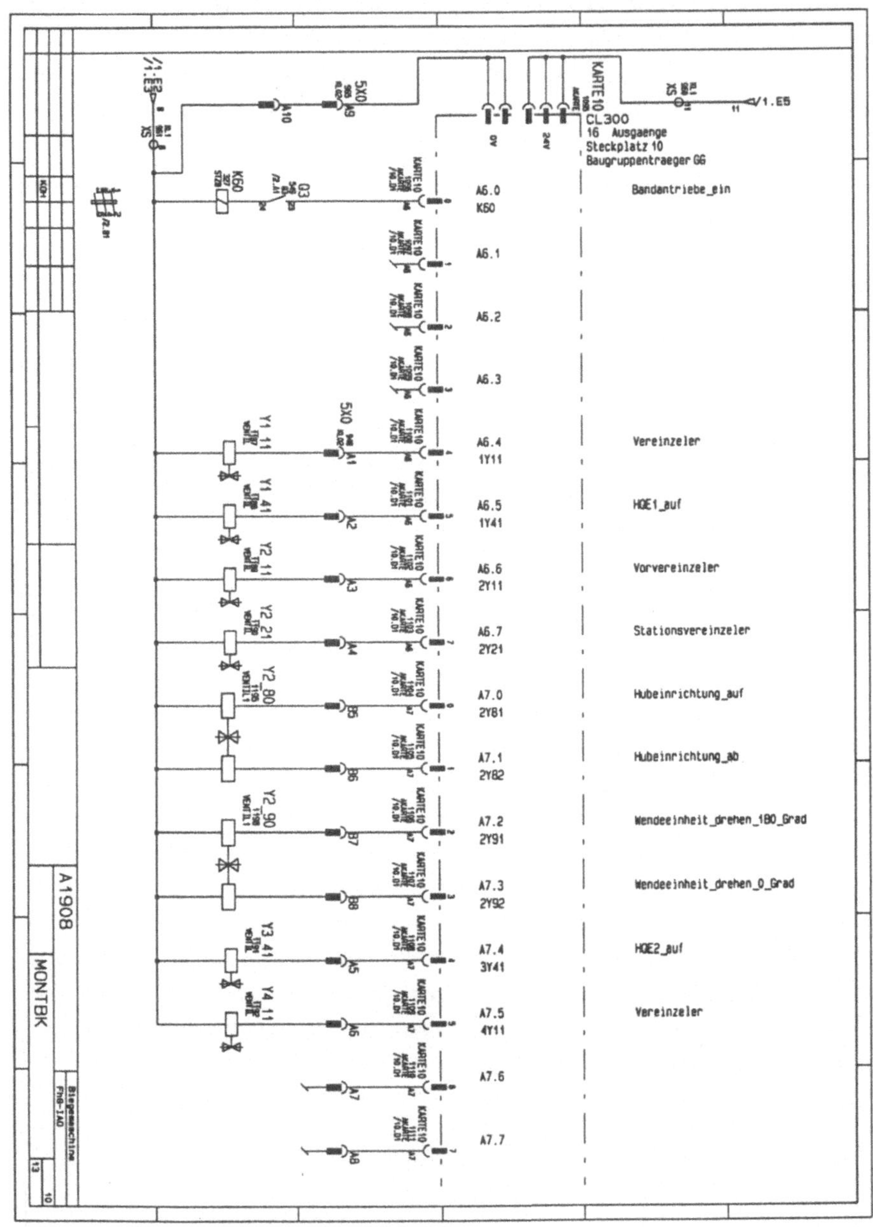

Bild 5.11: Elektrischer Schaltplan

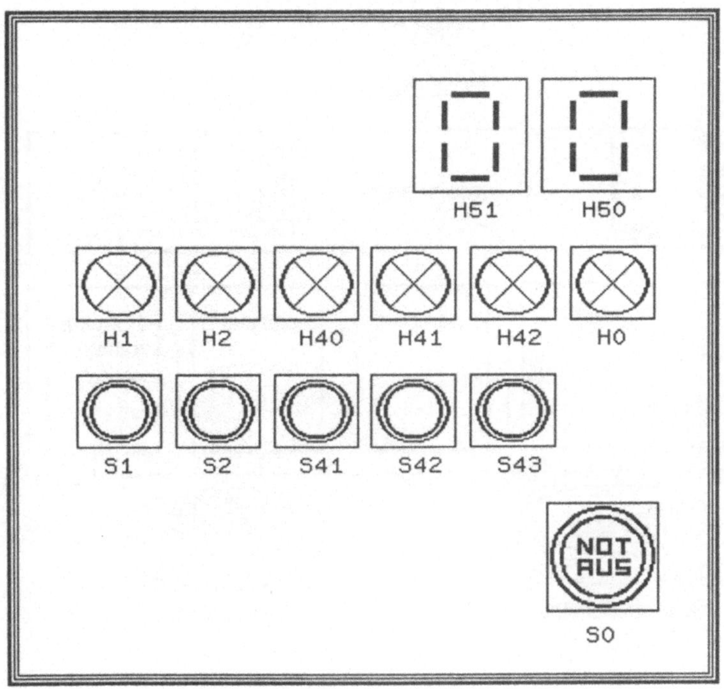

Bild 5.12: Bedienpult des Transfersystems

5.5 Entwicklungsumgebung für SPS-Software

Die Entwicklungsumgebung für SPS-Software wurde im Rahmen dieser Arbeit
entwickelt, um Programme in den Sprachen der IEC-Norm 1131/3 auf zur Zeit
verfügbaren kommerziellen SPS-Steuerungen einsetzen zu können. Im Bild 5.13
ist der Aufbau dieser Entwicklungsumgebung dargestellt. Die Editorumgebung
ermöglicht die benutzerfreundliche Erstellung des Quellcodes eines Steuerungsprogramms. Mit den Compilern wird dieser dann in die Zielsprache der Steuerung übersetzt. Zur Prüfung des Steuerungsprogramms steht das Testsystem
zur Verfügung, das die einfache Manipulation und Darstellung der Steuerungszustände erlaubt.

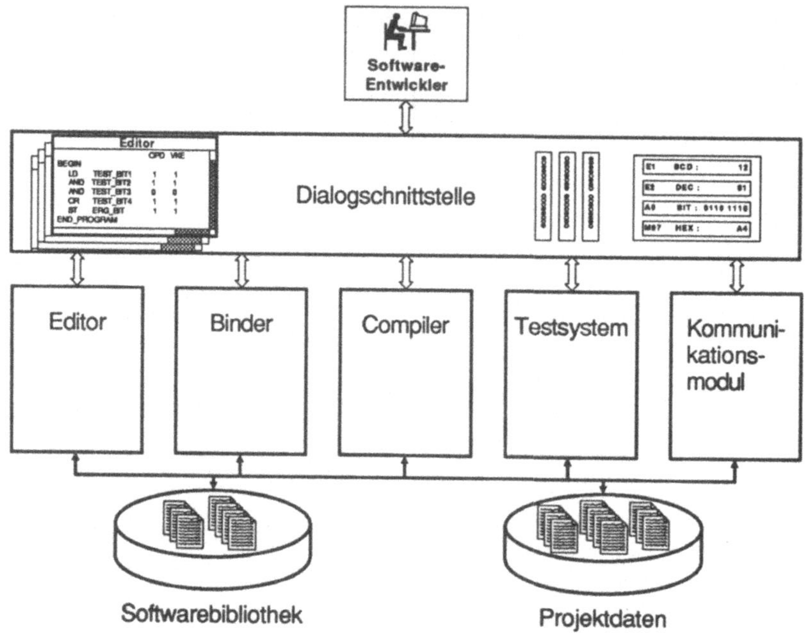

Bild 5.13: Aufbau der Softwareentwicklungsumgebung für SPS

Eine wesentliche Eigenschaft der Entwicklungsumgebung ist die parallele Bearbeitung einzelner Aufgaben. So kann ein editiertes Quellprogramm gleichzeitig übersetzt und im Debugger getestet werden. In Verbindung mit dem Anwendungsbeispiel wird die Arbeit mit der Softwareentwicklungsumgebung im folgenden vorgestellt.

5.5.1 Die Editorumgebung

Die Editorumgebung ist das Werkzeug, mit dem die Quelldateien der Steuerungssoftware erstellt werden können. Besonderer Wert wurde bei der Entwicklung des Editors auf die einfache, benutzerfreundliche Bedienung gelegt. Ein weiterer Schwerpunkt war das gleichzeitige Editieren unterschiedlicher Dateien. Dies ist eine Voraussetzung rechnergestützter Informationsbereitstellung für die Softwareentwicklung. Damit kann auf natürlichsprachliche Projektinformationen, wie das Lasten- und das Pflichtenheft, auf die Zuweisungsliste und Verbin-

dungspläne sowie auf miteinander in bezug stehende Programmorganisationseinheiten gleichzeitig zugegriffen werden.

Für jede editierte Datei wird ein eigenes Textfenster auf dem Bildschirm
(Bild 5.14) erzeugt, das beliebig positioniert werden kann. Durch Selektion eines
Textfensters mit der Maus wird dieses aktiviert. Ist es teilweise verdeckt, so
wird es im Vordergrund dargestellt. Tastatureingaben beziehen sich nun auf dieses Textfenster. Bewegungen im Text können mit der Maus über den vertikalen
oder horizontalen Rollbalken oder über die Bewegungstasten ausgeführt werden. Auch verteilte Informationen sind so für den Entwickler leicht und schnell
zugänglich. Ergebnisse externer Projektierungssysteme, wie sie in der Analyse
der SPS-Softwareentwicklung in Kapitel 3.5 beschrieben wurden, können dadurch leicht eingebunden werden.

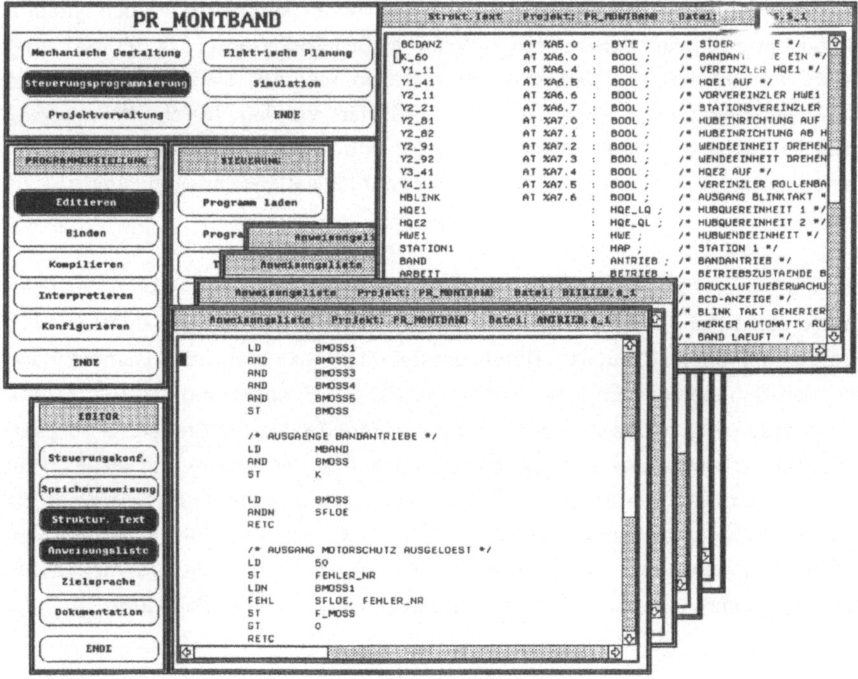

Bild 5.14: Benutzerfreundliche Editorumgebung für die SPS-Softwareentwicklung

Die Grobstrukturierung des Steuerungsprogramms und die anschließende iterative Entwicklung der Softwareobjekte in den Programmorganisationseinheiten wird entscheidend unterstützt durch die Darstellung der Mechanik in beliebigen Ansichten. Daneben können auch Schaltpläne editiert werden. In vielen Fällen ist der Zugriff auf die mechanische und die elektrische Stückliste sowie die Zuweisungsliste bereits ausreichend.

Für standardisierbare Baugruppen, wie die Hubquereinheiten oder die Hubwendeeinheit eines Doppelgurtband-Transfersystems im Anwendungsbeispiel, kann eine Programmorganisationseinheit mit einem zugehörigen Steuerungsobjekt erstellt und in der Softwarebibliothek hinterlegt werden. In diesem Fall muß nur der Aufruf dieses Softwareobjekts in einer übergeordneten Programmorganisationseinheit programmiert werden. Hier wird der Vorteil eines Sprachkonzepts mit Variablen deutlich.

Neu zu erstellende Programmorganisationseinheiten können entweder entsprechend der zu implementierenden Aufgabe in Strukturiertem Text (IEC-ST) oder in IEC-Anweisungsliste (IEC-AWL) geschrieben werden. Zunächst können die Softwareobjekte in einzelnen Dateien spezifiziert werden. Durch Umwandlung dieses Entwurfstextes in einen Kommentar und Implementierung der beschriebenen Funktionalität werden die Programmorganisationseinheiten schrittweise aufgebaut.

Für die Implementierung der Ansteuerung von Sensoren und Aktoren der Feldebene steht die IEC-Anweisungsliste zur Verfügung, wie sie den meisten SPS-Programmierern vertraut ist. Datenverarbeitungsfunktionen im Zusammenhang mit den Schreib-Lese-Einheiten können in IEC-ST kompakt und effizient formuliert werden. Da solche Aufgaben nicht in jedem Zyklus der Steuerung zu bearbeiten sind, werden sie nur ereignisbedingt aufgerufen. Werden in IEC-ST Programmkonstrukte wie Schleifen verwendet, so muß deren Auswirkung auf die Zykluszeit beachtet werden und eine zu lange Bearbeitungszeit programmtechnisch auf mehrere Steuerungszyklen verteilt werden, sofern das gesamte Steuerungsprogramm auf einer zyklisch arbeitenden SPS-Zentraleinheit läuft.

5.5.2   Integration der Compiler und der Testumgebung

Die editierten Programmorganisationseinheiten können nun ohne Verlassen des Editors gespeichert werden. Über die Auswahl des Menüeintrags "Kompilieren" können zunächst die in IEC-ST implementierten Programmorganisationseinheiten in IEC-AWL übersetzt werden. Das System sorgt dabei automatisch für die Wahl des richtigen Compilers.

Der Menüpunkt "Binden" ermöglicht es, ein komplettes Steuerungsprogramm durch Angabe der Datei mit dem Hauptprogramm zu generieren. Dabei werden automatisch alle deklarierten Programmorganisationseinheiten in das Steuerungsprogramm aufgenommen. Hierzu wird zunächst unter dem aktuellen Projekt gesucht und anschließend, sofern die Suche nicht erfolgreich war, die entsprechende Datei aus der Softwarebibliothek übernommen. Das nun vollständige Programm in IEC-AWL kann dann in die Anweisungsliste der Steuerung Bosch-CL300 umgesetzt werden. Dabei werden den Variablen absolute Speicheradressen zugeordnet. Durch Beifügung der Variablennamen als Kommentare läßt sich das übersetzte Programm leicht nachvollziehen.

Der Übersetzungsvorgang der Compiler dient auch der Suche von Fehlern im Programm. Fehler im Quellcode werden in der syntaktischen und semantischen Analyse beim Übersetzen erkannt und dem Anwender über Fehlermeldungen mitgeteilt. Außer dem Ort des Fehlers im Quelltext erhält der Anwender einen Hinweis auf die Fehlerursache. Nach der Korrektur in der Quelldatei kann diese nach dem Speichern und Binden neu übersetzt werden. In der Praxis ergibt sich so ein mehrmals durchlaufener Entwicklungszyklus.

Zur weiteren Überprüfung der Steuerungsfunktionen und der Informationsverarbeitung des übersetzten Programms kann es mit Hilfe des Testsystems weiter untersucht werden. Nach der Auswahl des Menüeintrags "Interpreter" wird das gewählte Programm zuerst bei der Umwandlung in eine interne Darstellung syntaktisch analysiert. Die dabei erkannten Fehler werden am Bildschirm angezeigt und auf Wunsch in einem Protokoll dokumentiert. Wird diese Analysephase ohne Fehler durchlaufen, so kann anschließend der Steuerungsinterpreter oder der Debugger für die Programmausführung gewählt werden.

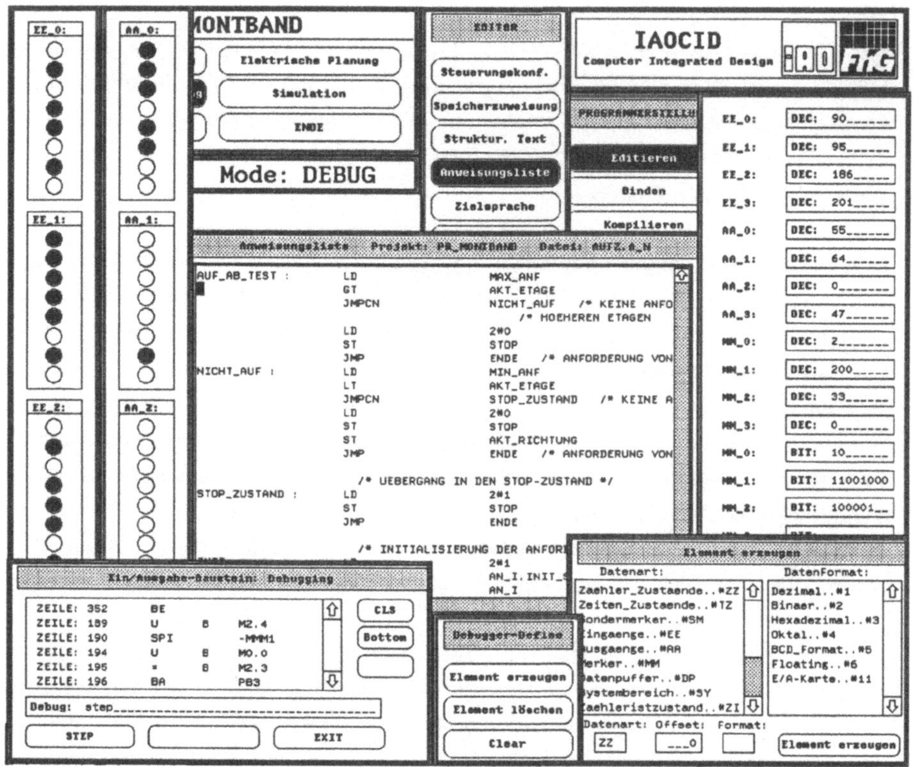

Bild 5.15: Diagnosebenutzungsoberfläche des Testsystems

Parallel zur Analyse des Programms wird eine Diagnosebenutzungsoberfläche aufgebaut. Diese Oberfläche wird nach den Vorgaben eines benutzerdefinierten Protokolls generiert, das die Speicherbereiche und deren Darstellungsart festlegt und während des Testens jederzeit neu definiert werden kann. Ein Beispiel für eine solche Diagnosebenutzungsoberfläche zeigt Bild 5.15.

Der Steuerungsinterpreter arbeitet das Programm zyklisch ab. Durch Setzen oder Rücksetzen von binären Eingängen, mit der Maus oder durch Zahleneingaben, können Eingangswerte vorgegeben werden. Über die Ausgangswerte ist zu prüfen, ob das Programm wie gewünscht arbeitet. Daneben können jedoch auch beliebige Bereiche des Anwenderspeichers visualisiert werden. Bei entsprechender Festlegung lassen sich diese Speicherbereiche auch mit Testdaten überschreiben. Die Steuerungssoftware der einzelnen Knoten des Anwendungsbeispiels werden geprüft, indem die Eingänge der Näherungs- und Endschalter in der richtigen Reihenfolge gesetzt werden. Hierzu kann der Softwareentwickler das Steuerungsprogramm und die Zuweisungsliste parallel zum Testvorgang editieren. Die intendierte Funktionalität des Steuerungsprogramms ist so einfach und unabhängig von der Verfügbarkeit der Steuerung zu verifizieren.

Beim Auftreten eines Fehlers kann mit dem Debugger das Programm genauer untersucht werden. Dazu muß der Ablauf des Programms kontrollierbar sein. Hierzu werden Programmunterbrechungspunkte auf eine Programmzeile, eine Programmorganisationseinheit oder einen Operanden gesetzt, um die Veränderung beliebiger Speicherbereiche genau überprüfen und analysieren zu können. Beim Erreichen eines Unterbrechungspunktes im Programmablauf wird in den Eingabemodus geschaltet und ein Debug-Kommando des Anwenders erwartet. Neben der schrittweisen Ausführung einer festen Zahl von Anweisungen kann der Anwender gezielt die Bearbeitung von Programmabschnitten protokollieren. Dabei werden neben der Anweisung die Inhalte der referenzierten Speicherbereiche und Register auf dem Bildschirm und optional auf eine Datei ausgegeben.

Das Steuerungsprogramm kann durch den kontrollierten Programmablauf und die einfache Darstellung beliebiger Speicherbereiche genau und schrittweise verifiziert werden. Kritische Zustände können leicht erzeugt werden, ohne zeitaufwendige und umständliche Manipulation der Anlagenperipherie. Bild 5.16 zeigt einen protokollierten Programmabschnitt.

Nach dem Übertragen des Programms auf die Anlagensteuerung bei der Inbetriebnahme können Fertigungs- und Echtzeitfehler mit dem Monitorbetrieb des herstellerspezifischen Softwareentwicklungssystems analysiert und behoben werden. Das bereits vor der Inbetriebnahme weitgehend getestete SPS-Programm vereinfacht und verkürzt diese kritische Phase in der Anlagenentwicklung erheblich.

PROTOKOLL BEI DER AUSFUEHRUNGSPHASE

ZEILENNR	STEUERUNGSANWEISUNG			QOPD	ZOPD	VKE	Z	N	O	C
1	U	B	M0.1	1	0	1	0	0	0	0
2	SPB		-MMM6	1280	768	1	0	0	0	0
5	UN	B	M0.1	1	0	0	0	0	0	0
6	=	B	M0.0	0	0	0	0	0	0	0
7	BA		PB15	34562	2048	0	0	0	0	0
647	U	B	M15.4	1	0	1	0	0	0	0
648	SPB		-MMM5	36098	35074	1	0	0	0	0
653	UN	B	M15.7	0	0	1	0	0	0	0
654	=	B	M15.5	1	0	1	0	0	0	0
655	BA		PB16	38914	36866	1	0	0	0	0
664	UN	B	M15.7	0	0	1	0	0	0	0
665	UN	B	M15.6	0	0	1	0	0	0	0
666	R	B	M16.0	0	0	1	0	0	0	0
667	L	W	M128,A	100	100	1	0	0	0	0
668	U	B	M15.6	0	0	0	0	0	0	0
669	S	B	M16.0	0	0	0	0	0	0	0
670	U	B	M16.0	0	0	0	0	0	0	0
671	SI		A,T5	100	19087	0	0	0	0	0
672	U	B	T5	0	0	0	0	0	0	0
673	=	B	M15.7	0	0	0	0	0	0	0
674	L	W	T5,A	0	0	0	0	0	0	0
675	T	W	A,M130	0	0	0	0	0	0	0
676	BE			0	0	0	0	0	0	0
656	U	B	M15.5	1	0	1	0	0	0	0
657	=	B	M15.6	1	0	1	0	0	0	0
658	U	B	M15.7	0	0	0	0	0	0	0
659	O	B	M15.5	1	0	1	0	0	0	0
660	BEB			0	0	1	0	0	0	0
8	U	B	M15.3	1	0	1	0	0	0	0
9	=	B	A7.6	1	0	1	0	0	0	0
10	U	B	E4.0	0	0	0	0	0	0	0
11	=	B	M12.3	0	0	0	0	0	0	0
12	U	B	E4.2	0	0	0	0	0	0	0
13	=	B	M12.4	0	0	0	0	0	0	0
14	U	B	E4.1	0	0	0	0	0	0	0
15	=	B	M12.5	0	0	0	0	0	0	0
16	U	B	M15.3	1	0	1	0	0	0	0

Bild 5.16: Protokoll der Programmausführung des Debuggers

5.6 Produktmodell automatisierter Montageanlagen

Die nun vollständigen Konstruktionsunterlagen des betrachteten Transfersystems beinhalten alle für dessen Fertigung erforderlichen Dokumente und Pläne. Darüber hinaus wurden Funktion und Zweck der einzelnen Bauteile und Baugruppen explizit erfaßt. Alle konstruktiven Festlegungen können deshalb am Ende des Gestaltungsprozesses auf ihr funktionsgerechtes Zusammenwirken untersucht werden.

Diese Prüfung wird für alle Bedienungs- und Anzeigeelemente durch eine Simulation unterstützt. Selektiert man den Eintrag "Simulation" im Hauptmenü, so werden das bei der Bedienpultgestaltung erzeugte Fenster und das Testsystem für die Steuerungssoftware initialisiert. Dazu werden die Objekte der Bauteile des Anlagenmodells im Arbeitsspeicher initialisiert und auf Vollständigkeit geprüft. Außerdem wird die elektrische Signalliste eingelesen, die Objekte der Signale werden erzeugt und die Verbindung zwischen den elektrischen Bauteilen ermittelt.

Die im letzten Kapitel beschriebene Diagnosebenutzungsoberfläche des Steuerungsinterpreters ist dadurch um das Fenster des Bedienpults und der damit verbundenen Simulation erweitert. Für die Bedienelemente können nun mit der Maus Eingaben gemacht werden. Diese werden an die Eingänge des Steuerungsinterpreters weitergegeben. Entsprechend werden die vom Steuerungsprogramm ermittelten Ausgangssignale an die Anzeigenelemente weitergegeben und durch diese abgebildet.

Zur Ausweitung dieser teilweisen Simulation auf die gesamte Anlage müssen für alle Bauteile die entsprechenden Simulationsfunktionen implementiert werden. Damit ließe sich die Anlagenfunktion vollständig auf der Grundlage des Anlagenmodells über die Animation und Darstellung der Anlagenzustände am Bildschirm prüfen.

Die Entwicklung automatisierter Montageanlagen ist eine komplexe Aufgabe. Speziell die Steuerungen dieser Anlagen unterliegen einer hohen Innovationsdynamik. Der Aufwand für die Erstellung der notwendigen Steuerungssoftware steigt durch den wachsenden Funktionsumfang und die zunehmende Komplexität der Anlagen. Ursachen dafür sind neue Aufgaben zur Auftragsverwaltung, Datenerfassung und Qualitätssicherung sowie flexible, optimierte Montageprozesse. Gleichzeitig werden jedoch die Lieferzeiten dieser Anlagen kürzer. Der Wettbewerb zwingt damit die Hersteller von Montageanlagen zur rationellen Entwicklung.

Um die vor allem bei der Inbetriebnahme oft bemängelte Softwarequalität zu verbessern und die Entwicklungszeit von SPS-Programmen zu verkürzen, wurde eine neue Vorgehensweise bei der Softwareentwicklung für SPS entwickelt. Hierzu wurden zunächst die Softwareerstellung und ihre Einbindung in den Konstruktionsprozeß von Montageanlagen untersucht. Dabei wurde die Abhängigkeit der Softwareentwicklung von den vorgelagerten Konstruktionsbereichen aufgezeigt, in denen der Anlagenprozeß festgelegt und gestaltet wird. Aus der Untersuchung der SPS-Sprachen und Entwicklungsumgebungen wurden außerdem Kriterien für ein umfassendes Sprachkonzept und eine benutzerfreundliche Entwicklungsumgebung für SPS-Software abgeleitet. Schwachpunkte bei der bisherigen Vorgehensweise liegen vor allem bei der Wiederverwendbarkeit durch die assemblerartige Programmierung mit absoluten Speicheradressen und beim Testen von Steuerungssoftware durch den vom Entwickler nur unzureichend beeinflußbaren Steuerungsablauf.

Von dieser Untersuchung ausgehend, wurde die Konzeption zur SPS-Softwareentwicklung auf der Grundlage eines integrierten, objektorientierten Anlagenmodells einer Montageanlage entwickelt. Ziel dieses methodischen Ansatzes ist die Umsetzung und Anwendung der Prinzipien der objektorientierten Programmierung auf Steuerungssoftware und deren Integration mit den mechanischen und elektrischen Gestaltungsinformationen in einem umfassenden Anlagenmodell einer Anlage. Dadurch können die Informationsflüsse zwischen den Konstruktionsbereichen entscheidend verbessert werden. Über Konsistenzprüfungen läßt sich feststellen, ob die Konstruktionsinformationen übereinstimmen. Die Softwareentwicklung hat damit über ein integriertes Anlagenmodell Zugang zu den aktuellen Konstruktionsinformationen, die die Grundlage ihrer Programmierung darstellen.

Durch den genormten Sprachansatz der IEC-Norm 1131/3 (DIN-IEC 65A) können objektbasierte Softwarestrukturen entwickelt werden, die eine einfache Wiederverwendbarkeit und einen übersichtlichen Aufbau von Steuerungsprogrammen erlauben. Mit der Klassifizierung der Softwarefehler und der schrittweisen Prüfung der Software wurde hier ein Ansatz zum systematischen und frühzeitigen Testen eines Steuerungsprogramms entwickelt.

Für die praktische Umsetzung und Anwendung der entwickelten Konzeption zur SPS-Softwareentwicklung wurde ein integriertes CAD-System für automatisierte Montageanlagen erstellt. Grundlage dieses Systems ist eine integrierte Datenbasis, die die mechanischen, elektrischen und softwaretechnischen Gestaltungsinformationen aufnimmt. Innerhalb des Systems sind alle Gestaltungsinformationen zugänglich.

Die graphisch-interaktive Oberfläche des CAD-Systems ist benutzungsfreundlich, und die Bedienung ist leicht zu erlernen. In der Entwicklungsumgebung für SPS-Software stehen eine Editorumgebung und Compiler für die genormten Sprachen IEC-Strukturierter Text und IEC-Anweisungsliste zur Verfügung. Darüber hinaus kann mit einem interpreterbasierten Testsystem Steuerungscode hardwareunabhängig getestet und kontrolliert ausgeführt werden.

Zur weiteren Unterstützung des Gestaltungsprozesses wurde im Rahmen des weiteren Ausbaus dieses CAD-Systems eine Simulation der entwickelten Montageanlage auf der Basis des Steuerungsinterpreters aufgezeigt. Durch das objektorientierte Anlagenmodell mit den mechanischen und elektrischen Konstruktionsdaten kann in der Simulation der Anlagenprozeß abgebildet werden. Die CAD-Module für Mechanik und Elektrik unterstützen dabei die Visualisierung der Anlagensimulation. Beispielhaft wurde die Simulation von Bedien- und Ausgabeelementen implementiert, da sie für den Softwaretest eine unmittelbare Unterstützung und wesentliche Erleichterung liefert.

Werden alle Anlagenteile und -komponenten durch die Simulation abgebildet, dann ist eine frühzeitige Prüfung und Fehlererkennung im Gestaltungsprozeß einer Montageanlage möglich. Dadurch wird ein entscheidender Beitrag zur Reduzierung der benötigten Zeit und des erforderlichen Kostenaufwands für die Herstellung von Montageanlagen geleistet, da das für die Simulation erforderliche Anlagenmodell im objektorientierten Gestaltungsprozeß entsteht und ohne Zusatzaufwand übernommen werden kann. Außerdem führt die Simulation einer Montageanlage zu einer verbesserten Qualität der Konstruktionsarbeit.

Eine weitere Entwicklungsaufgabe besteht in der Aufnahme von Kosteninformationen in das Anlagenmodell. In Verbindung mit einem Kalkulationswerkzeug könnte das kostengünstige Konstruieren besser unterstützt und das Kostenrisiko eines Anlagenprojekts verringert werden.

7   LITERATUR

ABE91   Abeln, O.: Vom CAD-Arbeitsplatz zur Konstruktionsleittechnik, Teil 1.
         In: CAD-CAM Report 10 (1991) Nr. 5, S. 107-118.

ACK89   Ackerman, B.: Steuerungscomputer nutzt PC-Standards.
         In: Elektronik 24 (1989) 11, S. 93-96.

ADE79   ADEPA (Hrsg.): Le Grafcet. Diagramm fonctional des automatisme
         séquentiel. Agence national pour le developpment de la production
         automatisée, ed. 3, April 1979.

APT87   Industrial Systems Division (Hrsg.): APT - Applications Productivity
         Tool. Johnson City, TN, USA: Texas Instruments Inc., 1987.

AUE86   Auge, J.; Eversheim, W.: Planungshilfsmittel für die Qualitätssiche-
         rung. In: Industrie-Anzeiger 108 (1986) Nr. 72, S. 44-47.

AUE90   Auer, A.: SPS - Aufbau und Programmierung. 3. Aufl. Heidelberg:
         Hüthig, 1990.

AUO90   Autorenkollektiv: MI: Planung des Ablaufs der Produktmc   ige. For-
         schungsbericht KfKoPFT 151, 1990.

AUT89   Autorenkollektiv: PRIMOS: Konzeption und Auslegung von Montage-
         anlagen. Forschungsbericht KfKoPFT 149, 1989.

AUT90   Autorenkollektiv: Wege zur Verkürzung der Inbetriebnahme- und Still-
         standszeiten komplexer Produktionsanlagen. In: Weck, M.; Eversheim,
         W.; König, W.; Pfeifer, T. (Hrsg.): Wettbewerbsfaktor Produktions-
         technik. Düsseldorf: VDI-Verlag, 1990.

AWK87   Autorenkollektiv: Planung komplexer Produktionssysteme. In: AWK
         Aachener Werkmaschinen Kolloquium (Hrsg.): Produktionstechnik auf
         dem Weg zu integrierten Systemen. Düsseldorf: VDI-Verlag, 1987,
         S. 43-83.

BAS88   Basl, R.: C-Compiler für SPS. In: industrie-elektrik + elektronik 33
         (1988) Nr. 11, S. 40-41.

BAU88   Bauert, F.: Entwicklung von Werkzeugen zur Produktmodellierung -
         Bestandteil eines Systemkonzepts zur rechnerunterstützten
         Gestaltung von Konstruktionselementen (GEKO). In: Konstruktion 40
         (1988), S. 90-96.

BEA91   Berns, St.; Andrich, B.: Entwicklung eines allgemeinen wissenbasier-
         ten Systems für die Konstruktion, erläutert am Beispiel des schweiß-
         gerechten Gestaltens. In: VDI-EKV Jahrbuch 91, Düsseldorf: VDI-
         Verlag, 1991.

BED89   Bednarek, E.: Projektmoderation - Ein Beitrag zum Simultaneous Engineering. In: Forum für Management, Forschung und Technologie, Tagungsbericht 1989 / Bullinger, H.-J. (Hrsg.).
München: gfmt-Verlags KG, 1989, S.411-414.

BEK91   Bekkum, v. J. C.: Systeme mit unterschiedlicher Hardware integrieren. In: VMEbus 5 (1991) Nr. 3, S. 46-53.

BOO91   Booch, G.: Object Oriented Design. Redwood City, CA, USA: Benjamin/Cummings Pub. Comp., 1991.

BOS87   Geschäftsbereich Industrieausrüstung (Hrsg.): Flexible Automation: FMS - Das Flexible Montage System. Stuttgart: Robert Bosch GmbH, 1987.

BOS90   Geschäftsbereich Industrieausrüstung (Hrsg.): Speicherprogrammierbare Steuerung Bosch CL 500, Systembeschreibung. Erbach (Odenwald): Robert Bosch GmbH, 1990.

BRA88   Brachtendorf, T.: Konzeption eines Informationsystems für die fertigungsgerechte Konstruktion. Fortschritt-Berichte VDI, Reihe 1, Nr. 176, VDI-Verlag, 1988.

BRN91   Brunn, A.: XBOFgraph: Handbuch. Fellbach: Delta Industrie Informatik GmbH, 1991.

BRU91   Brunn, A.: XBOF: Handbuch. Fellbach: Delta Industrie Informatik GmbH, 1991.

BUL76   Bullinger, H.-J.: Ablaufplanung in der Konstruktion. Mainz: Krausskopf-Verlag, 1976.

BUL86   Bullinger, H.-J. (Hrsg.): Systematische Montageplanung. München: Hanser, 1986.

BUL89   Bullinger, H.-J.; Wasserlos, G.: Totaler Durchblick: Simultaneous Engineering verkürzt die Entwicklungszeit. In: Techno-Tip, Ausgabe "Fabrik 2000" (1989) Sonderheft, S.8-13.

BUL92   Bullinger, H.-J.; Warschat, J.; Hengel, K.: Benutzerfreundliche Programmierung und Inbetriebnahme von speicherprogrammierbaren Steuerungen. In: Automatisierungstechnische Praxis atp 34 (1992) Nr. 6, S. 332-336.

BÜC91   Büchel, M.; Gradl, U.: Identifikationssysteme auf dem Vormarsch. In: VDI-Z 133 (1991) 2, S. 92-94.

CIE91   o.V.: Gesamtlösung im Elektrotechnik-Engineering: Von CAD/CAE zu CIE. In: Der Konstrukteur 22 (1991) Nr. 6, S. 46f.

DAN89   Dangelmeier, W.: Integration des Informationsflusses für die Auftragsabwicklung. In: Der Elektrotechniker 28 (1989) Nr. 2, S. 36-43.

DAN90   Dangelmeier, W.: Material- und Informationsfluß- Integration in einem CIM-Konzept: Zukunftssicherung der mittelständischen Industrie. In: Fördertechnik 59 (1990) Nr. 2, S. 13-17.

DIE83   Diez, P.: Baukastensystematik und methodisches Konstruieren im Werkzeugmaschinenbau. In: Werkstatt und Betrieb 116 (1983) Nr. 4, S. 185-189.

DII83   Norm DIN66001 Dezember 1983: Informationsverarbeitung: Sinnbilder und ihre Anwendung.

DII87   Norm Entwurf DIN-IEC 65A(Sec)65 Teil 1, Juni 1987: Speicherprogrammierbare Steuerungen: Allgemeine Informationen.

DIN77   Norm DIN 40719 Teil 6, März 1977: Schaltungsunterlagen, Regeln und graphische Symbole für Funktionspläne.

DIN80   Norm DIN 19237 Februar 1980: Steuerungstechnik: Begriffe.

DIN83   Norm DIN 19239 Mai 1983: Steuerungstechnik: Speicherprogrammierbare Steuerungen.

DIN87   Norm Entwurf DIN-IEC 65A(Sec)67 Teil 3, Juli 1987: Speicherprogrammierbare Steuerungen: Programmiersprachen.

DIN88   Norm DIN 44300 Teil 4, November 1988: Informationsverarbeitung: Begriffe.

DOR91   Dorner, F.; Grüßer, S.: Untersuchung über die Wirksamkeit einer Zeitwirtschaft bei der Planung und Steuerung indirekter Bereiche unter besonderer Berücksichtigung der Durchlaufzeit. Schlußbericht zum AIF-Forschungsvorhaben Nr. 7671. Aachen: Forschungsinstitut für Rationalisierung e. V., 1991.

DUD88   Engesser, H. (Hrsg.): Duden "Informatik". Mannheim: Dudenverlag, 1988.

ECA91   o.V.: Rationalisierungspotentiale beim Schaltplanentwurf. In: Der Konstrukteur 22 (1991) Nr. 6, S. 44f.

EHR91   Ehrlenspiel, K.: Auf dem Weg zur integrierten Produktentwicklung. In: VDI-Z 133 (1991) Nr. 3, S. 16-21.

ENG83   Engelhard, D.: Instandhaltungsfreundliche Fehlerdiagnose. In: Speicherprogrammierbare Steuerungsgeräte. VDI-Berichte Nr. 481, S. 27-34, Düsseldorf, 1983.

ERN89   Ernst, D.: Software und Engineering in der Automatisierungstechnik. Plenarvortrag auf dem INTERKAMA-Kongreß, 1989. In: Schmidt, G; Steusloff, H.(Hrsg.): Mit vernetzten, intelligenten Komponenten zu leistungsfähigen Meß- und Automatisierungssystemen. München: Oldenbourg, 1989.

EVE89 Eversheim, W.: Simultaneous Engineering - eine organisatorische Chance! In: Simultaneous Engineering, VDI-Berichte Nr. 758. Düsseldorf: VDI, 1989.

EVE90 Eversheim, W. (Hrsg.): Inbetriebnahme komplexer Maschinen und Anlagen. Düsseldorf: VDI, 1990.

FAT91 Fatronica (Hrsg.): Programmable Logic Controllers: 1991/92 Catalog. Lissabon: Fatronica LDA, 1991.

FES90 FESTO Electronic (Hrsg.): FESTO FST Software Tools. Esslingen: FESTO KG, 1990.

FIN90 Finkenwirth, K.-W.: Fertigungsgerecht Konstruieren mit CAD-Konzept eines Konstruktionssystems zur Informationsverarbeitung mit CAD-Systemen. Diss. Universität Erlangen-Nürnberg, 1990.

FLE87 Fleckenstein, J.: Zustandsgraphen für SPS - Graphikunterstützte Programmierung und steuerungsunabhängige Darstellung. Diss. Universität Stuttgart, 1987.

FMS90 Fritz, R.; Muschiol, M.; Schäfer, G.: Istzustand und technologische Perspektiven der CAD/CAM-Technologien. In: Zeitschrift für wirtschaftliche Fertigung und Automatisierung 85 (1990) Nr. 10, S. 526-530.

FRA91 Frankenhauser, B.: Planung flexibler Montagesysteme. In: Technica 40 (1991) Nr. 14, S. 14-22.

FRI88 Fritz, R.: Anlagenplanung mit CAD: Eine Herausforderung für Entwickler und Anwender, In: CAD/CAM-Report (1988) Nr. 3, S. 120-126.

GCT90 o. V.: Erstellung von Funktionsplänen für Steuerungen, "Funktionsplan GRAFCET". Beuth-Verlag Berlin, 1990.

GEB90 Geyer, G.; Bärenreuther, B.: EMO '89: Automatisierungstechnik CIM und Datenkommunikation. In: Automatisierungstechnischer Praxis atp 32 (1990) Nr. 2, S. 81-92.

GEI87 Geitner, U.W.(Hrsg.): CIM-Handbuch - Wirtschaftlichkeit durch Integration. Braunschweig, Wiesbaden: Vieweg-Verlag, 1987.

GEM90 Gemünden, H. G.: Erfolgsfaktoren des Projektmanagements - eine kritische Bestandsaufnahme der empirischen Untersuchungen. In: Projektmanagement 1&2/90/ GPM Gesellschaft für Projektmanagement INTERNET Deutschland e. V. Köln: Verlag TÜV Rheinland, 1990, S. 4.

GRA88 Grabowski, H.: Forschungsschwerpunkte des Instituts für Rechneranwendung in Planung und Konstruktion der Universität Karlsruhe auf dem Gebiet CAD. Rechnergestützte Konstruktionsmodelle im Maschinenwesen, Berlin: CAD-Kolloquium SFB 203, 1988.

GRA89   Grabowski, H.; Anderl, R.; Schilli, B.; Schmitt, M.: STEP - Entwick-
         lung einer Schnittstelle zum Produktdatenaustausch. In: VDI-Z 131
         (1989) Nr. 9, S. 68-76.

GRA90   Grabowski, H. (Hrsg.): Produktdatenverarbeitung. Düsseldorf.: VDI,
         1990.

GRI86   Grimm, W.: Diagnosesystem für steuerungsperiphere Fehler an Ferti-
         gungseinrichtungen. Diss. Universität Stuttgart. Berlin u. a.: Springer,
         1986.

GRO90   Groß, M.: Planung der Auftragsabwicklung komplexer, variantenrei-
         cher Produkte. Diss. RWTH Aachen, 1990.

GRÖ89   Grötsch, E.: SPS: Vom Relaisersatz zum CIM-Verbund. München:
         Oldenbourg, 1989.

HAH84   Hahn, D.: Interaktive Planung und Beurteilung von Layoutalternativen
         im Rahmen des Fabrikplanungsprozesses mit Hilfe eines CAD-Sy-
         stems. In: Fortschritt-Berichte der VDI-Zeitschriften, Reihe 2, Nr. 84,
         Düsseldorf: VDI-Verlag, 1984.

HAN68   Hansen, F.: Konstruktionssystematik. Berlin: VEB-Verlag   chnik,
         1968.

HEB85   Herrmann, J.; Brankamp, K.: Baukastensystematik. Grundlagen und
         Anwendung in Technik und Organisation. In: Industrie-Anzeiger 107
         (1985) Nr. 90, S. 27-28.

HEF87   Hemberger, A.; Feldmann, K.: Rechnereinsatz in der Montageplanung.
         In: VDI-Z 129 (1987) Nr. 5, S. 76-81.

HEN90   Hengel, K.; Menges, R.: Gross - Off-Line-Programmier- und Simula-
         tionssystem. In: Industrie-Anzeiger 112 (1990) Nr. 42, S. 34-35.

HEN91   Hengel, K.: IAOCID: Entwurf automatisierter Montageanlagen. In:
         Konstruktionsleiterforum, 26.-27. Juni 1991, München/ J. Warschat
         (Hrsg.). München: gfmt-Verlags KG, 1991, S. 99-113.

HES81   Hesse, W.: Untersuchungen zum Beziehungsfeld zwischen Konstruk-
         tion und Normung, Din-Normungskunde, Band 16, Berlin: Beuth-Ver-
         lag, 1981.

HEU89   Heusler, H.-L.: Rechnerunterstützte Planung flexibler Montagesyste-
         me. Berlin: Springer, 1989.

HIL89   Hiller, T.: Prozeßprogrammierung mit grafischen Objekten. In: Infor-
         matik für die industrielle Automation: Infina '89, Tagung Karlsruhe,
         15.-17.2.1989, VDI-Berichte 723. Düsseldorf: VDI-Verlag, 1989

HOE82   Höhener, R.: Programmierung von speicherprogrammierbaren Steue-
        rungen. In: Elektrotechnische Zeitschrift etz 103 (1982) Nr. 11,
        S. 577-579.

HOL91   Hollmann, H.: Risiken und Auswirkungen der internationalen Produkt-
        haftung im Konstruktionsbereich. In: Kostruktionsleiterforum, 26.-27.
        Juni 1991, München/ J. Warschat (Hrsg.).
        München: gfmt-Verlags KG, 1991, S. 5-27.

HOW91   Howein, G.; Gaißmaier, B.: Rechnerunterstützte Methoden und Werk-
        zeuge in der industriellen Automatisierung. In: it 33 (1991) Nr. 3,
        S. 131-142.

HPC90   Schlenk, B.; Schreiber, J.: DDS-C Handbuch, Version 3.55.
        Laichingen: HP-Cade GmbH, 1990.

HPC91   Mack, R.; Schwertle, A.: Workshop A4: SPS. In: ABB-Cade User-
        Group-Meeting, 22.-23. Januar 1991, Stuttgart. Laichingen: HP-Cade,
        1991.

IEC91   IEC SC65A/WG6: Working Draft: Standard for Programmable Control-
        lers: Part 3: Programming Languages,
        IEC SC65A/WG6(Christensen)47, 15. März 1990.

JAN90   Janzen, F.: Projektierung von Speicherprogrammierbaren Steuerungen
        in einer integrierten, rechnergestützten Automatisierungsumgebung.
        Diss. Ruhr-Universität Bochum, 1990.

JAS90   Jäger, A.; Schöpf, M.: Komplexe Produktionsanlagen am CAD-Bild-
        schirm planen. In: ZwF 85 (1990) 6, S. 310-313.

KET87   Kettner, P.: Konzeption eines Informationssystems für die Planung
        automatisierter Montagesysteme. Diss. RWTH Aachen, 1987.

KOC88   Koch, G.R.: Graphikorientierte Werkzeuge für das Engineering von
        Software in Automatisierungsprojekten. In: Datenverarbeitung in der
        Konstruktion '88; VDI-Berichte 700.3. Tagung München, 27.-
        28.10.1988. Düsseldorf: VDI-Verlag, 1988.

KOH91   Kohring, A.: Transparente Spezifikation komplexer Maschinen und
        Anlagen - Grundlage einer systematischen Entwicklung von SPS-
        Software. In: Fortschrittliche Automatisierung mit SPS. VDI-
        Bericht 914, S. 63ff. Düsseldorf: VDI-Verlag, 1991.

KOL76   Koller, R.: Konstruktionsmethode für den Maschinen-, Geräte- und
        Apparatebau. Berlin, u. a.: Springer, 1976.

KON85   Konold, P.; Weller, B.: Flexible Montagesysteme - Konzeption und
        Feinplanung durch Kombination von Elementen. Berlin: Springer,
        1985.

KRA90   Krause, F.-L.: Wohin geht die CAD-Entwicklung? In: Zeitschrift für
         wirtschaftliche Fertigung und Automatisierung 85 (1990) Nr. 12,
         S. 260-262.

KRE92   Kreis, W.; u. a.: Montage und Handhabungstechnik, Industrieroboter.
         In: VDI-Z 134 (1992) Nr. 4, S. 61-77.

KRF85   Kreppel, H.; Friedl, A.: Kommunikationsanforderungen in der Produk-
         tionsautomatisierung. In: Automatisierungstechnische Praxis atp 27
         (1985) Nr. 8, S. 371-375.

KUN90   Kunke, W.: Programmierung speicherprogrammierbarer Steuerungen
         nach IEC-Norm. In: Messen, Steuern, Regeln 33/34 (Fortsetzungsrei-
         he) ab 1990 Nr. 6 - 1991 Nr. 1.

LAS90   Laskowski, M.; Unbehauen, H.: Problembezogene Synthese von se-
         quentiellen Steuerungsprogrammen. In: Automatisierungstechnik
         at 32 (1990) Nr.10, S. 509-514.

LAU89   Lauber, R.: Prozeßautomatisierung, 2. Aufl. Berlin: Springer, 1989.

LAY89   Lay, K.: Die Arbeitsraumgestaltung manueller Montage: ʼbeitsplätze
         mit graphischen und wissensbasierten Methoden. Diss. ᷇   ᷇versität
         Stuttgart. Berlin: Springer, 1988.

LEN91   Lenschow, R.: Rechnerintegrierte Erstellung und Verifikation von
         Steuerungsprogrammen als Bestandteil einer durchgängigen Pla-
         nungsmethodik. Diss. Universität Karlsruhe, 1991.

LFB90   Leidig, W.; Frei, F.; Bleicher, M.: SPS - Speicherprogrammierbare
         Steuerungen. 3. überarb. u. erweit. Aufl. Heidelberg, Hüthig, 1990.

LOT86   Lotter, B.: Wirtschaftliche Montage. Düsseldorf: VDI, 1986.

LUD91   Ludewig, J.: Software Engineering und CASE-Begriffserklärung und
         Standortbestimmung. In: it 33 (1991) Nr. 3, S. 112-120.

LUE90   Luetkens, L.: Zustandsorientierte SPS-Programmierung.
         In: Elektronik 12 (1990) Nr. 6, S. 60-66.

LUW89   Laskowski, M.; Unbehauen, H.; van Wüllen, M.: Portierbarkeit von
         Anwenderprogrammen für freiprogrammierbare Steuerungen. In:
         Automatisierungstechnik at 37 (1989) Nr. 8, S. 295-303.

LÜD91   Lüdke, W.: Impulse für die Automation durch einfache SPS-Inbetrieb-
         nahme. In: und oder nor 21 (1991) Nr. 4, S. 63-65.

MAP91   MAP/TOP Product Directory for Manufacturing Enterprises. First
         Edition July 1991. European MAP/TOP Users Group (EMUG), Cran-
         field, England, 1991.

MEE85   Merz, K.-P.; Eversheim, W.: Ermittlung der Anforderungen an ein Bau-
         kastensystem für die automatisierte Montage von Maschinenbau-

erzeugnissen. In: HGF-Kurzbericht Nr. 778, Ind. Anz. 107 (1985)
Nr. 90, S. 27-28.

MEL91   Menevidis, Z.; Linnemann, H.: Beispiele für die Kopplung von SPS an
MAP-Netze unter Anwendung von MMS. In: Fortschrittliche Automatisierung mit SPS. VDI Bericht 914, S. 119ff. Düsseldorf: VDI Verlag,
1991.

MEY91   Meyer, G.: Petrinetzorientierte Beschreibung von Steuerungsabläufen.
In: Fortschrittliche Automatisierung mit SPS. VDI Bericht 914,
S. 51ff. Düsseldorf: VDI Verlag, 1991.

MIL88   Milberg, J.: Wettbewerbsvorteile durch Stärkung der Integration. In:
Wettbewerbsvorteile durch Integration in Produktionsunternehmen.
Referate des Münchner Kolloquiums '88, 24.-25. März 1988/ J.
Milberg (Hrsg.). Berlin: Springer Verlag, 1988, S. 3-27.

MIT91   Mittmann, R.: International standardisierte SPS-Programmierung nach
IEC 65 zum Vorteil für Anwender und Hersteller. In: Fortschrittliche
Automatisierung mit SPS. VDI Bericht 914, S. 1ff. Düsseldorf: VDI
Verlag, 1991.

MKE83   Merz, K.-P.; Kettner, P.; Eversheim, W.: Ein Baukastensystem für die
Montage konzipieren. In: Industrie-Anzeiger 105 (1983) Nr. 92,
S. 27-30.

MMS88   MMS-EASE Reference Manual Revision 8. Systems Integration Specialists Company, Inc. 14669 Barber, Warren, MI, USA. August 1988.

MÖH89   Möhrle, M.: Petrinetze in der Produktionstechnik. Diss. Universität
Bochum, 1989.

MUI88   Muschiol, M.: Rechnerunterstützte Informationsbereitstellung für den
Konstruktionsprozeß am Beispiel montagerelevanter Gestaltungsrichtlinien. Reihe Produktionstechnik Berlin, Bd. 68, Forschungsberichte
für die Praxis, Wien, München: Hanser, 1988.

MÜM90   Münch, J.; Mertins, J.: Rechnergestützte Projektierung der Software
speicherprogrammierbarer Steuerungen über die graphische Fachsprache logikorientierter Funktionsplan. In: msr 33 (1990) Nr. 3,
S. 122-126.

NER91   Nerke, R.; Gleis, S.: Schnittstellen in der Elektrotechnik. In: CAD-CAM
Report 10 (1991) Nr. 4, S. 72-79.

OES86   Oestreicher, T.: Rechnergestützte Projektierung von Steuerungssystemen. Diss. Universität Karlsruhe, 1986.

PAB86   Pahl, G.; Beitz, W.: Konstruktionslehre. Berlin, u. a.: Springer, 1986.

PAH90   Pahl, G.: Konstruieren mit 3D-CAD-Systemen. Berlin, u. a.: Springer, 1990.

PFL91   Pfleger, J.: Stand der Feldbusnormung. In: Automatisierungstechnische Praxis atp 33 (1991) Nr. 6, S. 240-243.

PMJ88   Porten, R.; Möhrle, M.; Janzen, F.: Online Fehlerdiagnose komplexer Produktionsanlagen. WGP-Kurzbericht 69/88. In: Industrieanzeiger (1988) Nr. 69.

PRI91   Pritschow, G.: Neuere Steuerungsentwicklungen. In: Messen, Steuern, Regeln 34 (1991) Nr. 10, S. 362-367, Nr.11, S. 392-399.

PUH91   Puhr-Westerheide, J.: Beschaffung und Abwicklung komplexer Montageanlagen. Ein Erfahrungsbericht. In: VDI-ADB Jahrbuch 91/92. Düsseldorf: VDI-Verlag, 1991.

REI86   Reisig, W.: Petri-Netze - Eine Einführung. Berlin: Springer 1986.

REI91   Reichenbächer, J.: Ingenieurmäßiges Erstellen von SPS-Software. In: Fortschrittliche Automation mit SPS. VDI Bericht 914., S. 81ff. Düsseldorf: VDI Verlag, 1991.

RIE85   Rieger, K.-H.: Rechnerunterstützte Projektierung der Hardware und Software von speicherprogrammierbaren Steuerungen. Berlin, u. a.: Springer, 1985.

ROD70   Rodenacker, W. G.: Methodisches Konstruieren. Berlin: Springer, 1970.

ROH89   Rohmer, K.: CAD-Normsymboldaten für Schaltzeichen bald verfügbar. In: CAD-CAM Report 8 (1989) Nr. 2, S. 126-131.

ROT82   Roth, K.: Konstruieren mit Konstruktionskatalogen. Berlin: Springer, 1982.

SBS91   Schmidt, J.; Bernhardt, W.; Schelberg, H.-J.; Steuernagel, R.: Integrierte Montageplanung. In: VDI-Z 133 (1991) 8, S. 32-34.

SCG89   Schnieder, E.; Gückel, H.: Petri-Netze in der Automatisierungstechnik. In: Automatisierungstechnik at 37 (1989) Nr. 5, S. 173-181.

SCN91   Schneider, J.: Erweiterte Diagnose bei der SPS-Programmierung. In: Fortschrittliche Automatisierung mit SPS. VDI Bericht 914, S. 255ff. Düsseldorf: VDI Verlag, 1991.

SCS91   Schmidt, J.; Schelberg, H.-J.: Objektorientierte Projektierung von Steuerungssoftware. In: VDI-Z 133 (1991) Nr. 12, S. 60-65.

SEI85   Seiler, W.: Technische Modellierungs- und Kommunikationsverfahren für das Konzipieren und Gestalten auf der Basis der Modell-Integration. Düsseldorf: VDI-Verlag, 1985.

SEL86   Seidel, U.; Lentes, H.-P.: Konzeption eines integrierten Informations-
        systems zur Planung von Montagesystemen. FhG-Berichte 1, 1986,
        S. 43-48.

SIE91   Geschäftsgebiet Information, Training, Dokumente (Hrsg.): SIMATIC
        S5: Das Hardware-Projektierungssystem HARDPRO. Nürnberg:
        Siemens AG, 1991.

SIM82   Simon, H.: The Sciences of the Artificial. Cambridge, MA: The MIT
        Press, 1982.

SIM91   Simon, J. H.: Mit Simultaneous Engineering schneller am Markt. In:
        Technica 40 (1990) Nr. 4, S. 31-36.

SOS90   Sossenheimer, K.-H.: Entwickeln von Instrumentarien zur rationellen
        Planung und Steuerung der Inbetriebnahme komplexer Produkte des
        Werkzeugmaschinenbaus. Diss. RWTH-Aachen, 1989.

SPS91   SPS-Marktsituation. In: SPS Magazin 4 (1991) Nr. 1, S. 53-54.

SPU84   Spur, G.; Krause, F.-L.: CAD-Technik, München, Wien: Carl Hanser
        Verlag, 1984.

STE89   Steusloff, H. U.: Funktionsstruktur, Kommunikationsstruktur und
        Kommunikationsmittel in Automatisierungs- und Leitsystemen. In:
        Automatisierungstechnische Praxis atp 31 (1989) Nr. 5, S. 209-217.

STO86   Storr, A.: Steuerungsbeschreibung und Diagnoseprogrammerstellung
        mit Zustandsgraphen. In: Speicherprogrammierbare Steuerungsgeräte,
        VDI-Berichte Nr. 586, Düsseldorf: VDI-Verlag, 1986, S. 123-136.

STO87   Storr, A.: Flexible Fertigungseinrichtungen. In: VDI-Seminar
        "Leittechnik für verkettete Fertigungssysteme". Düsseldorf: VDI-
        Verlag, 1987.

STO91   Storr, A; Pritschow, G.; Reichenbächer, J.; u. a.: Studie über die Aus-
        wirkung von einheitlichen Entwurfs- und Entwicklungswerkzeugen zur
        Softwareentwicklung und durchgängigen Softwaredokumentation für
        eine Fertigungszelle, VDW-Bericht Nr. 1012, Frankfurt: VDW-Verlag,
        1991.

SUS90   Schuster, W.: Visualisierung: Bewegung im Prozeßabbild. In:
        industrie-elektrik + elektronik 35 (1990) Nr. 10, S. 14-17.

TRA91   Trapp, L.: Kommunikationsdienste nach IEC 65A. In: Fortschrittliche
        Automatisierung mit SPS. VDI Bericht 914, S. 97. Düsseldorf: VDI-
        Verlag, 1991.

TRB91   Trunz, W.; Bender, K.: Ein Sprachstandard zur herstellerunabhängigen
        Programmierung von SPS-Systemen. In: Automatisierungstechnische
        Praxis atp 33 (1991) Nr. 3, S. 128-137.

VDI77   Richtlinie VDI 3260, Juli 1977: Funktionsdiagramme von Arbeitsma-
        schinen und Anlagen.

VDI85   Richtlinie VDI 2880 Blatt 4, September 1985:
        Speicherprogrammierbare Steuerungsgeräte: Programmiersprachen.

VDI86: Richtlinie VDI 2221, November 1986: Konstruktionsmethodik: Me-
        thodik zum Entwickeln und Konstruieren technischer Systeme und
        Produkte.

VDI89   Richtlinie Entwurf VDI/VDE 3694, 1989: Lastenheft/Pflichtenheft für
        den Einsatz von Automatisierungssystemen.

VDR86   Richtlinie VDI/VDE 3683: Beschreibung von Steuerungsaufgaben:
        Anleiten zum Erstellen eines Pflichtenheftes.

VOS91   Voss, H.: Projektmanagement für Softwareprojekte, eine Herausforde-
        rung für alle Beteiligten. In: Automatisierungstechnische Praxis 33
        (1991) Nr. 10, S. 532-539.

WAG90   Wagner, S.: Informationstechnische Aspekte von CIM. In: Automati-
        sierungstechnische Praxis atp 32 (1990) Nr. 1, S. 7-16

WAN90   Wantscha, F.-M.: Modulare Steuerungen auf VMEbus: A   matisie-
        rungswege. In: industrie-elektrik + elektronik 35 (1990) 10, S.26-28.

WAR89   Warnecke, H.-J.: Rechnerintegrierte Auftragsabwicklung in der auto-
        matisierten Fertigung - Konzepte und Pilotbetrieb. In: Fertigungstech-
        nik und Betrieb 39 (1989) Nr. 8, S. 473-478.

WAR91   Warschat, J.: Informations- und Dokumentationssysteme. In: Kon-
        struktionsleiterforum, 26.-27. Juni 1991, München/ J. Warschat
        (Hrsg.). München: gfmt-Verlags KG, 1991, S. 5-27.

WEI91   Weigert, F. J.; Holzmann, R.: Automatisierungsgerät und Personal
        Computer wachsen zusammen. In: engineering automation. 13 (1991)
        Nr. 2, S. 12-13.

WEK91   Weck, M.; Kohring, A.: Die Bedeutung der Anlagenspezifikation für
        die Entwicklung von SPS-Spoftware. In: Pritschow, G.; Spur, G.;
        Weck, M.: Maschinennahe Steuerungstechnik in der Fertigung.
        München: Hanser, 1991.

WIN89   Winkelhake, U.: Permanente Maschinendatenerfassung automatischer
        Montageanlagen. Diss. Universität Hannover. Düsseldorf: VDI-Verlag,
        1989.

WRT89   Wratil, P.: Speicherprogrammierbare Steuerung in der Automatisie-
        rungstechnik. Würzburg: Vogel, 1989.

UNV89   o.V.: BDE: Barcode-Einsatz in der integrierten EDV-Lösung. In: HARD
        AND SOFT (1989) Nr. 1, S. 45-47.

8 ANHANG

8.1 Trajektorienberechnung einer translatorischen und rotatorischen Körperbewegung

Trajektorien beschreiben Lage, Geschwindigkeit und Beschleunigung der einzelnen Freiheitsgrade eines Körpers in Abhängigkeit von der Zeit. Die Art der Bewegung muß zuerst definiert und die Trajektorie berechnet werden. Die Bewegungsausführung erfolgt, indem Führungssollwerte der Trajektorie vorgegeben werden, die in entsprechende Stellsignale für den Antrieb des bewegten Körpers umgesetzt werden.

Eine Bewegung wird definiert durch Anfangs- und Endpunkt, dem Algorithmus für die Trajektorienplanung und durch Vorgabe der Geschwindigkeit und Beschleunigung. Unter Punkt ist hier Position und Orientierung zu verstehen oder anders ausgedrückt, ein körperfestes Koordinatensystem, das auch als "Frame" bezeichnet wird, beschreibt die Lage des betrachteten Körpers relativ zum Weltkoordinatensystem. Für die folgenden Berechnungen werden nur die Positionsvektoren zugrunde gelegt mit den drei Komponenten x, y, z des kartesischen Raums. Die Nick-, Roll-, und Gierwinkel um die festen Koordinatenachsen werden linear bezüglich der lokalen Koordinaten zwischen Anfangs- und Endpunkt der Bewegung interpoliert.

8.1.1 Bewegung auf einer Geraden

Für den Fall der Bewegung auf einer Geraden wird die Differenz aus Anfangs- und Endpunkt gebildet.

$$S = E - A$$

Legt man ein trapezförmiges Geschwindigkeitsprofil mit betragsmäßig gleicher Beschleunigung und Verzögerung a des Körpers zugrunde, erhält man die Ausführungszeit der Bewegung:

$$t = t_m + 2\,t_a$$

$$t_m = \frac{v}{|a|}$$

$$t_m = \frac{(|S| - |a|\,t_a^2)}{v}$$

Durch Einsetzen von t_a ergibt sich

$$t_m = \frac{|S|}{v} + \frac{v}{|a|}$$

Für die Parameterdarstellung der Bewegung erhält man mit der lokalen Koordinate $u \in \{0, 1\}$

$$P(u) = A + u\,S$$

und bezüglich der Zeit t

$$P(t) = A + \frac{S}{|S|} \int_0^T v(t)\,dt$$

mit

$$v(t) = a\,t \qquad\qquad \text{für } 0 \mid t \mid t_a$$
$$v(t) = v_c \qquad\qquad \text{für } t_a < t < t_a+t_m$$
$$v(t) = a\,(t - t_a - t_m) \quad \text{für } t_a+t_m \mid t \mid 2t_a+t_m$$

8.1.2 Bewegung auf einer Kreisbahn

Die Bahndefinition kann entweder durch den Anfangspunkt A, den Mittelpunkt PM und den Drehwinkel δ oder durch drei auf dem Kreisumfang liegende Bahnpunkte erfolgen. Im ersten Fall gibt die Orientierung des Mittelpunkts die Rotationsachse an. Der Radiusvektor des Kreises errechnet sich zu

$$RA = A - PM$$

Die Berechnung der Verfahrenszeit geschieht wie beim Fall der Bewegung auf einer Geraden mit

$$S = \delta * |RA|$$

Bei der Angabe von drei Punkten muß der Kreismittelpunkt und die Rotationsachse erst bestimmt werden. Zuerst berechnet man die Mittelpunkte der Kreissehnen

$$SM1 = 0.5\,(A + Z)$$
$$SM2 = 0.5\,(E + Z)$$

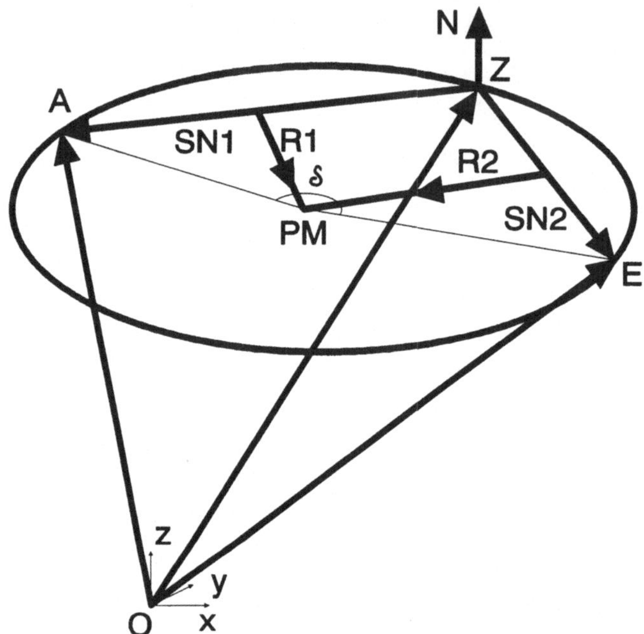

Bild 8.1: Bestimmung des Kreismittelpunktes und des Rotationsvektors

und ihre Richtungsvektoren

$$SN1 = A - Z$$
$$SN2 = E - Z$$

wie in Bild 8.1 dargestellt. Das Vektorprodukt

$$N = \frac{SN1 \times SN2}{|SN1 \times SN2|}$$

legt die normierte Rotationsachse fest. Die Vektoren

$$R1 = \frac{N \times SN1}{|N \times SN1|}$$

und

$$R2 = \frac{N \times SN2}{|N \times SN2|}$$

liegen in der Rotationsebene und sind senkrecht zu den jeweiligen Kreissehnen. Der Mittelpunkt läßt sich nun bestimmen:

$$PM = SM1 + \lambda * R1$$

mit

$$\lambda = \frac{|(SM1-SM2) \times R2|}{|R1 \times R2|}$$

Für den Kreis ist nun eine Parameterdarstellung für die Zeit t zu finden, um eine schnelle Berechnung der Führungsgrößen während der Bewegungsausführung zu gewährleisten. Mit dem Anfangsradiusvektor

$$RA = A - PM$$

und dem auf RA und N stehenden Radiusvektor

$$RS = RA \times N$$

ergibt sich die Kreisgleichung für die lokale Koordinate $u \in \{0, 1\}$.

$$PK(u) = PM + RA \cos u\delta + RS \sin u\delta$$

Für die Zeit t erhält man

$$PK(t) = PM + RA \cos \int_0^T \omega(t)dt + RS \sin \int_0^T \omega(t)dt$$

$\omega(t)$ errechnet sich entsprechend wie v(t) für gerade Bewegungen.

IPA Forschung und Praxis
Schriftenreihe aus dem Institut für Produktionstechnik und Automatisierung, Stuttgart

Herausgeber: Prof. Dr.-Ing. H. J. Warnecke

Datenerfassung im Produktionsbereich
Von E. Bendeich. ISBN 3-7830-0117-8.
1977, 176 Seiten, kartoniert. 54,— DM

Methodenauswahl für die Materialbewirtschaftung in Maschinenbau-Betrieben
Von H. Graf. ISBN 3-7830-0136-6.
1977, 144 Seiten, kartoniert. 54,— DM

Systematische Auswahl von Förderhilfsmitteln für den innerbetrieblichen Materialfluß
Von W. Rau. ISBN 3-7830-0139-0.
1977, 103 Seiten, kartoniert. 40,— DM

Grundlagen zur Planung von Ersatzteilfertigungen
Von E. Schulz. ISBN 3-7830-0138-2.
1977, 98 Seiten, kartoniert. 40,— DM

Rechnerunterstützte Fabrikplanung
Von B. Minten. ISBN 3-7830-0116-1.
1977, 124 Seiten, kartoniert. 38,— DM

Eine Planungsmethode für automatische Montagesysteme
Von H.-G. Löhr. ISBN 3-7830-0120-X.
1977, 108 Seiten, kartoniert. 32,— DM

Planung und Bewertung von Arbeitssystemen in der Montage
Von H. Metzger. ISBN 3-7830-0131-5.
1977, 108 Seiten, kartoniert. 40,— DM

Klassifizierungssystem für Prüfmittel der industriellen Längenprüftechnik
Von R. Czetto. ISBN 3-7830-0144-7.
1978, 181 Seiten, kartoniert. 64,— DM

Rechnerunterstützte Montageplanung
Von O. Hirschbach. ISBN 3-7830-0149-8.
1978, 146 Seiten, kartoniert. 52,— DM

Rechnerunterstützte Entwicklung von Simulationsmodellen für Unternehmensplanspiele
Von A. Moker. ISBN 3-7830-0147-1.
1978, 181 Seiten, kartoniert. 64,— DM

Arbeitsplatzanalysen zur Ermittlung der Einsatzmöglichkeiten und Anforderungen an Industrieroboter
Von G. Herrmann. ISBN 37830-0151-X
1978, 113 Seiten, kartoniert. 40,— DM

MFSP — Ein Verfahren zur Simulation komplexer Materialflußsysteme
Von G. Stemmer. ISBN 3-7830-0118-8.
1977, 140 Seiten, kartoniert. 60,— DM

Berührungslose Erkennung durch Positionsbestimmung von Objekten durch inkohärent-optische Korrelation
Von M. König. ISBN 3-7830-0137-4.
1977, 110 Seiten, kartoniert. 40,— DM

Auslegung von Störungspuffern in kapitalintensiven Fertigungslinien
Von R. v. Stetten. ISBN 3-7830-0140-4.
1977, 154 Seiten, kartoniert. 56,— DM

Flexible Transportablaufsteuerung
Von G. Römer. ISBN 3-7830-0114-5.
1977, 188 Seiten, kartoniert. 60,— DM

Rechnergestützte Realplanung von Fabrikanlagen
Von T.-K. Sauter. ISBN 3-7830-0119-6.
1977, 108 Seiten, kartoniert. 32,— DM

Systematisches Auswählen und Konzipieren von programmierbaren Handhabungsgeräten
Von R. D. Schraft. ISBN 3-7830-0115-3
1977, 108 Seiten, kartoniert. 32,— DM

Auslandsproduktion
Von W. Cypris. ISBN 3-7830-0145-5.
1978, 126 Seiten, kartoniert. 42,— DM

Wirtschaftlicher Einsatz von Mehrkoordinatenmeßgeräten
Von M. Dietzsch. ISBN 3-7830-0148-X.
1978, 142 Seiten, kartoniert. 52,— DM

Fertigungssteuerung bei flexiblen Arbeitsstrukturen
Von K.-G. Lederer. ISBN 3-7830-0146-3.
1978, 128 Seiten, kartoniert. 42,— DM

Untersuchungen zum Polieren und Entgraten durch elektrochemisches Oberflächenabtragen
Von K. Zerweck. ISBN 3-7830-0150-1.
1978, 110 Seiten, kartoniert. 40,— DM

Stufenweise Ableitung eines praktischen Planungssystems für den Entwicklungsbereich
Von R. Hichert. ISBN 3-7830-0149-8.
1978, 151 Seiten, kartoniert. — 52.— DM

Produktionsplanung mit Auftragsfamilien
Von U. W. Geitner. ISBN 3-7830-0161.7.
1979, 110 Seiten, kartoniert. — 45.— DM

Thermisch-chemisches Entgraten
Von T. Wagner. ISBN 3-7830-0164-1.
1979, 111 Seiten, kartoniert. — 45.— DM

Untersuchung der Materialflußkosten bei ausgewählten Systemen der Zentralen Arbeitsverteilung
Von R. Wenzel. ISBN 3-7830-0162-5.
1979, 168 Seiten, kartoniert. — 86.— DM

Anpassung und Einführung eines Planungssystems für die Ablaufplanung im Konstruktionsbereich
Von W. Dangelmaier. ISBN 3-7830-0163-3.
1979, 168 Seiten, kartoniert. — 80.— DM

Längenmessungen an bewegten Teilen mit berührungslos wirkenden Aufnehmern
Von H. Lang. ISBN 3-7830-0157-9
1979, 89 Seiten, kartoniert. — 42.— DM

Untersuchung multistabiler Strömungselemente und ihr Einsatz in sequentiellen Steuerungen
Von A. Ernst. ISBN 3-7830-0157-9.
1979, 122 Seiten, kartoniert. — 48.— DM

Taktile Sensoren für programmierbare Handhabungsgeräte
Von M. Schweizer. ISBN 3-7830-0158-7.
1979, 91 Seiten, kartoniert. — 42.— DM

Die rechnerunterstützte Prüfplanung
Von P. Blasing. ISBN 3-7830-0152-8.
1979, 100 Seiten, kartoniert. — 44.— DM

Verfahren zur Fabrikplanung im Mensch-Rechner-Dialog am Bildschirm
Von W. Ernst. ISBN 3-7830-0156-0.
1979, 218 Seiten, kartoniert. — 72.— DM

Rechnerunterstütztes Verfahren zur Leistungsabstimmung von Mehrmodell-Montagesystemen
Von M. Gorke ISBN 3-7830-0155-2.
1979, 139 Seiten, kartoniert — 50.— DM

Standortbezogene Betriebsmittel
Von G. Pflieger ISBN 3-7830-0167-6.
1979, 127 Seiten, kartoniert. — 52.— DM

Die betriebswirtschaftliche Beurteilung neuer Arbeitsformen
Von B.-H. Zippe. ISBN 3-7830-0168-4
1979, 350 Seiten, kartoniert. — 98.— DM

Untersuchung des Arbeitsverhaltens programmierbarer Handhabungsgeräte
Von B. Brodbeck. ISBN 3-7830-0169-2.
1979, 117 Seiten, kartoniert. — 48.— DM

Untersuchung eines kohärent-optischen Verfahrens zur Rauheitsmessung
Von N. Rau. ISBN 3-7830-0174-9
1979, 117 Seiten, kartoniert. — 48.— DM

Entwicklung einer programmierbaren, pneumatischen Steuerung
Von D. Klemenz ISBN 3-7830-0171-4
1979, 93 Seiten, kartoniert. — 42.— DM

IPA Forschung und Praxis

Berichte aus dem Fraunhofer-Institut für Produktionstechnik und
Automatisierung, Stuttgart, und dem Institut für Industrielle Fertigung
und Fabrikbetrieb der Universität Stuttgart

Herausgeber: Prof. Dr.-Ing. H. J. Warnecke

IPA-IAO Forschung und Praxis

Berichte aus dem Fraunhofer-Institut für Produktionstechnik und
Automatisierung (IPA), Stuttgart, Fraunhofer-Institut für Arbeitswirtschaft
und Organisation (IAO), Stuttgart, und Institut für Industrielle Fertigung
und Fabrikbetrieb der Universität Stuttgart

Herausgeber: Prof. Dr.-Ing. H. J. Warnecke und Prof. Dr.-Ing. H.-J. Bullinger

---

Die Bände sind im Erscheinungsjahr und in den folgenden drei Kalenderjahren zu beziehen durch den örtlichen Buchhandel oder durch Lange & Springer, Otto-Suhr-Allee 26-28, 10585 Berlin.